科学技術の内と外

新妻　弘明　著

東北大学出版会

Inside and outside of science technology

Hiroaki NIITSUMA

Tohoku University Press, Sendai
ISBN978-4-86163-321-8

目次

まえがき　1

1．現代社会と科学技術　7

震災で突きつけられた素朴な疑問　9
科学の誕生とその発展　11
技術と科学　13
科学と技術の融合　15
科学技術と社会の関係の3つのコーナー　16
第3コーナーをまわった科学技術と社会の関係　22
外側から見た科学技術の発展と負の側面　24
暴走する科学技術　29
全幅の信頼を失った科学技術者　31

2．かみ合わない科学技術の内と外　35

誤解される科学　37

科学的方法　39
科学と科学知　42
科学で分かること、分からないこと　47
科学技術はどのようにして進歩するか　54
研究開発の現場　55／研究はやれることをやる　56／
優位に立てる研究環境　57／いろいろな研究アプローチ　60／
進歩するものはさらに進歩する科学技術　62／
シナリオ通りには進まない研究開発　65
利用される科学技術　69
科学技術の社会的利用と成果主義・効率主義の弊害　69／
科学技術に対する過剰な期待　70／科学技術の可能性の利用　71／
科学技術者の有識者としての利用　73／
科学技術に対する認識のギャップの悪用　74

3. 科学技術を担う人々

77
工学部志望の人材と受けた教育　80
工学部志望の人材　80／大学における専門教育　82／

スキル教育の問題点　86
科学技術を担う人々　87
割り切れた世界　87／建設的で社会性のある人間　89／
未来指向で楽天的　90
専門家というもの　91
科学技術者が置かれている状況　94
科学技術者をつき動かすもの　96
科学技術者の過ちと苦悩　97
目的化の罠　97／研究資金の罠　102／地位と組織の罠　107／
社会との接点の罠　111／苦悩する科学技術者　117
地域に入る科学技術者　119

4．科学の社会化と脱制度化　125

社会に受け入れられた科学とその制度化　127
科学の制度化の限界とその弊害　128
科学の脱制度化の動き　131
科学の社会化　133

４つの極を往来する科学と科学者　135

５．科学技術に携わる人間として　139

科学・科学技術者の内なる世界　141
知ると分かる　146
人を育てる科学技術者教育　154
自分ごととしての人の道　160
どうして道を誤るのか　163
　現代の科学技術に対する認識　163／組織の一員として　165／
　内なる世界の乏しさ　168
道を誤らないために　169

あとがき　177

参考図書　189

まえがき

震災後に開催された、ある学会のシンポジウムでのことでした。地域のエネルギーを地域のために利活用することの意義と重要性について、私が講演を行った後のディスカッションで、社会科学を専門とする司会者が、半ば皮肉をこめて、私にこう言ったのです。

「先生は模範的な工学者ですね」。

工学というものは、人類の福祉の向上のための科学技術に関する学問である、と工学者なら誰もがそう思っています。しかし、東日本大震災とそれにともない発生した原子力災害、そして次々に発覚する研究不祥事は、人々に、科学技術およびそれを担う科学技術者に対して大きな不信を抱かせるに十分でした。「表ではきれいごとを言いながら、これまでの数々の災禍をもたらしているのは、科学技術とそれを担う科学技術者ではないのか。現実を見ると、到底、工学が人類の福祉の向上のための科学技術だとは思えない」と司会者は言外に言うのでした。

鉱毒事件や水俣病をはじめとする一連の公害事件や環境汚染、核兵器の開発過程における放射能汚染と、広島、長崎への原爆投下、そしてこのたびの原子力災害、急速に発展する情報化社会とグローバリゼーションの弊害、地域社会への農薬やプラスチック製品等の人工物の大量移入による、地域の環境破壊と伝統文化や生活様式の崩壊、等々、科学技術の暴走とも言うべきこれらの災禍に、科学技術、とりわけ工学と工学者が加担しているのはまぎれもない事実です。東日本大震災と一連の不祥事で露呈したこれらの事実は、現在科学技術を担っている人々はもとより、科学技術者を目指そうとする若者にも、大きな困惑をもたらすものでした。

科学技術をつくり上げるのは科学技術者です。しかし、科学技術を利用し、その発展を促すのは、むしろ、政治、経済、軍事などを担う、科学技術の外側にいる人々です。外側で科学技術者が関与できることは逆に限られています。科学技術の暴走は、科学技術の内側にいる人と外側にいる人の相互作用によって引き起こされているのです。冒頭の例に見られるように、科学技術の外側にいる人と内側にいる人の、科学技術に関する認識の違いと隔たりは意外に大きいものです。そしてこの認識の違いと隔たりこそが、現在の科学技術の暴走の大きな要因の一つとなっていると私には思えるのです。

私は、大学の工学部に籍を置き、四十年以上にわたって工学を中心とした科学技術の教育と研究に携わってきました。そしてここ十数年間は、環境科学という、工学から一歩離れた視点で、地域の再生可能エネルギーの利用に関して実践的研究を行っています。その間、学内においては、多くの学部ならびに大学院学生の教育と研究指導を行う一方で、大学院重点化後の大学改革の一環として、学部ならびに大学院における教育制度とカリキュラム、そして入試制度などの検討に携わってきました。一方、学外においては、文部科学省工学視学委員として、国内の大学の工学系の教育システムの視察や助言を行うとともに、日本学術振興会や科学技術振興機構などの研究費の審査にも数多く関わってきました。他方、地域社会で生起している現実の環境問題に取り組むなかで、理工系よりは、むしろ人文・社会科学系の研究者や、地域住民、行政担当者などとの連携、交流を深めてきました。こうしたなかで、現場で科学技術を担う人々すなわち内側から見た科学技術と、世間すなわち外側から見た科学技術の間には、大きな違いと隔たりがあることを、折にふれて痛感するとともに、そのことによる弊害の数々を目の当たりにしてきました。

　科学技術者も科学技術に携わるなかで、はからずも、ときには自ら主導して、大なり小なり過ちを犯してしまうものです。科学技術は、主観を排した人類共有の普遍的な知識体系です。しかし、それに携わる人間の行動は、科学技術を進展させるにしても、社会的、倫理的過ちを犯すにしても、陰に陽に、その人間の内なる世界によっています。そして、その内なる世界は、人それぞれの生い立ちや、現在置かれている状況や立場に大きく影響を受けています。科学技術の内側の、さらにこの人間の内なる世界に立ち入ることを抜きにして、科学技術の暴走や不祥事、あるいは科学技術者教育を語ることはできないのではないか。科学技術の内側の人間は、その専門性から、客観性や普遍性を重視するあまり、このことを避けてきたのではないだろうかと思えるのです。

　本書では、科学技術の世界に身を置いてきた一人として、科学技術の内側と外側の認識の隔たりを念頭におきながら、科学あるいは科学技術とはどのようなものであるかを、工学を中心に述べてみたいと思います。また、工学を目指した人間がどのような傾向を持ち、大学においてどのような教育を受けたのか、さらに、このようにして教育された科学技術者とはどのような人間なのかを、私の経験にてらして記してみようと思います。科学技術は、時代時代にあって社会に影響を及ぼすとともに、科学技術自体も、その変遷はその時代の社会から大きな影響を受けています。そして科学技術者もまた、その時代と社会の流れの中で過ちを犯すのです。本書では、私がこれまで知り得た数々の事例を踏まえ、科学技術の内と外の認識の隔たりの中で、科学技術者の専門性がゆえに犯しやすい過ちについて述べるとともに、そうならないための人間としての道についても考えてみようと思います。

本書は科学技術や技術者倫理に関する論評でも教科書でもありません。私が工学を学び始めた一九七〇年頃は、科学技術がその担い手にとって豊かな社会を創り、社会に夢を与えるという確かな手応えを感じる時代でした。大学工学部は、そのような科学技術の発展を担う人材の育成、すなわち、科学的思考と方法を習得し、各専門分野技術に関する素養を養うとともに、その本質を見抜き、自らがそれらを発展させる力を養うところでした。折からの高度成長期にあって、そこで学ぶ学生は、このような教育を受け、自らを磨くことにより、生き甲斐のある将来が約束されていた時代でした。

しかし、私が教壇に立つ一九七〇年代以降、科学技術はその負の側面を各所で見せ始めていました。そして、大学において工学を学んだ人々の多くは、今日、科学技術社会あるいは科学技術教育を担う人材として、一人ひとりがそのあり方を問われています。そして科学技術の内と外の狭間で、立場上あるいは一人の人間として、思い悩むことが増えているのではないでしょうか。

人はこのようなとき、あの人だったらどうするだろうか、どう考えるだろうかと、しばしば思うものです。自分を指導してくれた先生であればなおさらです。そして、その先生と言われる人も、科学技術と人間社会との関わりと矛盾の当事者なのです。科学技術を担う人材の育成に携わってきた人間は、東日本大震災と一連の不祥事で露呈した科学技術と人間社会の問題に関して、これまで教えてきたこととどのような連続性があるのか、教えてこなかったことは何だったのか、また、今の時代そして将来に対して何を思うのかを、かつて指導した学生と同じ時代に生きている科学技術の一学徒として、示す務めがあるように思うのです。

本書ではそのような思いをこめて、科学技術というものを私なりに見直してみたいと思います。本書が、科学技術の現実を理解する一助となり、それが、科学技術の内と外の健全なる相互作用につながれば幸いです。

1. 現代社会と科学技術

震災で突きつけられた素朴な疑問

東日本大震災と同規模の大地震と大津波は１０００年ほどの周期でこれまでもたびたび襲来していました。しかし、このたびの大震災は、成熟した現代科学技術文明社会を襲った最初のものでした。人々は、平安時代に大津波が内陸深くまで到来したということを聞いても、科学技術に支えられている現代文明社会では、それほどの被害は生じないと思っていました。しかし、地震予知、津波予知とそれに基づく防災システム、エネルギーインフラ等、我々の生活と安全を守るシステムは専門家に任せておけば大丈夫という、幻の信頼はことごとく裏切られました。しかも、原子力災害という、科学技術の粋を究めたはずの原子力発電所の苛酷事故が、さらに大きな災禍を社会にもたらしてしまったのです。

このたびの震災では、現代文明社会を支えるエネルギーシステム、情報通信システム、上下水道、流通システム等の、高度で巨大な人工システムが相互に依存しあい、そのうちのいずれかに障害が生じれば、他のシステムも次々と動かなくなるという、現代文明社会の脆弱さが露呈しました。しかしその一方で、被災地では、昔からある、身近な食べ物、薪や炭、井戸、そして、人々の生きるための技と助け合いが、生き抜くため、そしてその後の復興の原動力となりました。人々は常日頃、現代科学技術の恩恵に浴しながらも、それ以前からあるもの、人間社会がおのずからもっているものの大切さと偉大さを実感したのでした。

このような中、人々は科学技術に対して、いろいろな素朴な疑問をこころの奥底に抱くようになりました。例えば、科学技術の発展は果たして人類の福祉の向上と同じ方向にあるのかどうか。爛熟した人工システムへの依存度を将来さらに高めていくことが果たして人類のためになるのかどうか。自然に抗し、エネルギーを大量に消費する巨大で複雑な人工システムは、人類にとって健全なシステムなのか。利便性の高いことは果たして人間にとって常に良い事なのか。情報の伝達が速い方がよいのか。情報機器の発達と蔓延による人間の心や感性、人間社会への悪影響が深刻な問題になっていないだろうか。新しい技術に、今解明されていない弊害はないと言えるのかどうか。科学技術を不適切に利用する社会に対して、科学技術を開発した人に責任はないのか。普通の人には理解も維持もできない、我々の社会の根幹となるシステムを、その分野のことしか知らない専門家に委ねてよいのか。技術の発展に夢だけを持っていてよいのか。これ以上の技術の発展は必要なのか……などです。そしてこのことは、この十数年来の若者の工学ばなれとも無縁ではないでしょう。

一般の人々、あるいは人文・社会科学の研究者などの、科学技術の外側にいる人々が、このような疑問を抱いているのに対して、科学技術の内側にいる人の多くは、震災後であっても、必ずしもこれらの問題に対して真正面から向き合っていないのではないかと思います。このことについては、おいおい述べていくことにします。

科学の誕生とその発展

まず、科学技術[＊1]というもののこれまでの発展と社会との関わりの変遷について、私なりに簡単に振り返ってみたいと思います。

ものごとの真理を探究しようとする科学の源流は、古代ギリシアにあると言われています。当時、科学は数学と並んで哲学の一つであり、ピタゴラス（前五六〇？－前四八〇？）もアリストテレス（前三八四－前三二二）も、アルキメデス（前二八七－前二一二）も哲学者でした。当時は、また、神も人間も自然も一体でした。

中世になると、キリスト教聖職者が知識人として科学の発展に寄与するようになり、科学もキリスト教の影響を強く受けるようになります。すなわち、神の創造物である人間が、別の創造物である自然の秩序を、その外側から解明するという、後の近代科学の底に流れる思想がかたちづくられていきます。

一六世紀半ばから一七世紀にかけて、科学は、コペルニクス（一四七三－一五四三）、ガリレオ

（＊1）「科学」にはいろいろな定義がありますが、本書ではそのもっとも広い意味で用いています。これは「学問」と同義です。また、「科学技術」は「科学」のうち「科学と技術が融合した領域の学問」を指しています。「科学」は「科学技術」を含んでいますが、本書では、文脈によってはそれを「科学・科学技術」と表しています。（第4章参照）

（一五六四－一六四二）、F・ベーコン（一五六一－一六二六）、デカルト（一五九六－一六五〇）、パスカル（一六二三－一六六二）、ボイル（一六二七－一六九一）、フック（一六三五－一七〇三）、ニュートン（一六四二－一七二七）らによって飛躍的に発展し、これは「科学革命」と呼ばれています。

この時代に特筆されるべきことの一つは「近代科学の方法論」が確立されたことです。すなわち、ある事象の、主観を排した実験、観察と、これまでの知見等から、それらの因果関係を数学的に表現できるモデルを考え、それをさらに、実験、観察により検証して、普遍的な法則として一般化する、という方法論がこの頃確立されたのです。この方法論は、自然から、質とか生命とか能動性を、見る人の主観に属するものとして取り除き、すべてのものは物質とその運動に還元されると考える、すなわち自然を一つの機械として見るという、デカルトの「機械論的自然観」が根底にあります。この「機械論的自然観」と「近代科学の方法論」は、その後の科学や科学技術を飛躍的に発展させることになりました。

次に特筆されるのは、「科学知」という、宗教からも人間からも独立した、人類が共有できる普遍的な知識体系が構築され始めたことです。それまでは、個人的な哲学や思想的側面が強かった科学知が、相互に有機的に連関し、その連関によって得られた新たな科学知が、さらにその知識体系の中に組み入れられていくということが始まったのです。

イギリス王立協会やフランス科学アカデミーが設立され、科学者コミュニティが国家によって「制度化」されたのもこの時代でした。これによって、科学者間の情報や価値観の共有ばかりではなく、科学の質の保証も科学者コミュニティの中でなされるようになりました。

技術と科学

それでは、技術はどのように発展してきたのでしょうか。科学が知識人の知的営みの一つであったのに対して、技術は太古の昔から、全ての人々の生活とともにありました。洋の東西を問わず、古代文明社会ではすでに高度な道具や機械、そして土木・建設技術が用いられていましたし、それらは、人々の日々の暮しの中で、芸術や宗教とも不可分でした。技術は人間の営みとしての合目的性を有し、現実の、多様な〃もの〃や現象を相手にするものでした。人間の能力の延長としての道具や機械は、それを用いる人間の感性や技とも不可分でした。

技術は、生活の利便性や生産の省力化に寄与するものでした。しかし、老子や荘子は、これらの文明の利器により利便性や省力化を追求することが人間社会にいろいろな弊害をもたらすことを当時既に指摘しています。ただ、利便性や省力性の獲得は、技術の一つの側面にすぎません。例えば、刃物の形状や切れ味は、加工の省力性はもとより、切ったものへの損傷や、加工されたものの出来ばえにも大きく影響します。そのため、いろいろな技術の開発や改良、その用い方の熟練、そして両者の相互作用は必然でした。そのようにして完成した道具や機械は、機能美を備えた一つの芸術品でもありました。優れた楽器もそのようにして作られたものでした。数々の優れた創作を行ったレオナルド・ダ・ヴィンチ（一四五二－一五一九）は、技術と科学と芸術の総合的な知と感性と技を持った天才でした。

科学革命の頃まで、科学の発展は個人によっていたのに対して、技術の発展と伝承は工房等の技能集団によっていました。なぜなら、技術の対象は、科学のような抽象概念や法則ではなく、現実の〝もの〟や事象と、それを用いる人間であり、それらの全てを言葉や数式だけで表して、技術を伝承したり、発展させたりすることは不可能だからです。

技術の発展にとっても、ものごとの真理を探究することは不可欠です。科学革命の時代から構築され始めた科学知は、必然的に技術にも取り入れられるようになりました。その一方で、科学にとっても、高度な性能を有する実験機器等の技術は不可欠であり、両者の連携が始まっていきます。そして、技術発展のたまものである蒸気機関や化石燃料の採取技術等がもたらした産業革命を契機に、科学と技術は融合し、その後科学技術は爆発的に発展を始めることになります。オーム（一七八九－一八五四）、ファラデー（一七九一－一八六七）、カルノー（一七九六－一八三二）、ダーウィン（一八〇九－一八八二）、ヘルムホルツ（一八二一－一八九四）、マックスウェル（一八三一－一八七九）、エジソン（一八四七－一九三一）、ベル（一八四七－一九二二）、マルコーニ（一八七四－一九三七）などの時代です。

科学と技術の融合

社会から隔離された場にあって、普遍的な知を創造する「科学」と、人間や社会とともにあった「技術」の融合は、社会、とりわけ産業の振興に役立つ技術と科学知を次々と生み出し、それまで自然現象の解明が主体だった「科学」に加え、社会や産業のための「科学技術」の誕生へと発展しました。これは「第2次科学革命」と呼ばれています。そして「技術」も、人間のための技術と、産業のための技術に分裂を始めたのです。

この時代以降の科学技術の発展はめざましく、それが産業革命をさらに加速させるとともに、社会や国家が科学技術の振興を経済的、制度的に促すという社会的仕組みも形成されていきます。この仕組みは、その後の科学技術の発展に大きく寄与することになりましたが、その一方で、科学技術が、経済原理や国家の都合で暴走することにつながる仕組みでもありました。

この時代に特筆されるべきことの一つは、「工学」の根源である「人工物の科学」が生れたことです。「機械論的自然観」に立脚した「科学的方法」によって明らかになった、自然現象の機械モデルは、そのまま、人工物である機械や装置の発明に直結し、さらにその人工物の動作や特性を解析した結果をもとに、新たな人工物を創り出すというループも出来上がっていきます。これは、人工物を作るのに用いられる材料についても例外ではありません。当初は天然の素材を精製、加工して用いていたものが、その人工物の動作に都合のよい特性を持つ、人工物としての材料が合成されるようになってきます。ここでも科学技術は解析・解明の時代から設計・合成の時代へと移っていきました。

このようにして、自然からも社会からも隔離された研究室で考え出された人工物を、同じく自然からも社会からも隔離された工場で完成し、それを社会に「実装」するという開発パターンが出来上がっていったのです。

科学技術と社会の関係の3つのコーナー

「科学革命」の時代までは、科学は自然の摂理を探究する知的行為であり、その産物は法則や理論体系などに代表される知識体系でした。これが、科学と技術が融合した「第2次科学革命」以降は、自動車、飛行機、電話機、無線機、ラジオ、テレビジョンなどの発明が次々となされ、科学技術というものが、現実の社会に有益であることがデモンストレーション実験等を通して実証されていきました。そして第二次世界大戦終戦の一九四五年前後から、それら科学技術の産物が一般社会に普及し始め、社会を変えていくことになります。この一九四五年前後の転換点を、本書では「科学技術と社会の関係の第1コーナー」と呼ぶことにします。

この「第1コーナー」は、核エネルギー開発や宇宙開発など、国家がある大きな目標を定め、その実現のために一連の研究開発を系統立てて行う、いわゆる「ビッグサイエンス」の時代の幕開けでもありました。そこには、人類の大きな夢も託されていました。人々が、科学技術を身近なものとして、人間の夢をかなえる技術、そして自然の脅威を克服する技術と思うようになっていく時代でした。一般の人々にとって、科学技術者とは、合理的な考えができる文化人であり人格者でもありました。

我が国では、私が小学四年生だった一九五七年頃、国民は、氷に阻まれながらも進む南極観測船宗谷の航海を固唾を飲んで見守り、茨城県東海村で我が国初の「原子力の火」がともったことを喜んだものでした。電力網の整備が進み、家電の三種の神器と言われた、白黒テレビ、電気洗濯機、電気冷蔵庫が、この頃から普及し始めて、科学技術の恩恵が家庭にも及んできました。その後一九六四年の東京オリンピック開催に合わせて東海道新幹線が開通し、カラーテレビ、クーラー、自家用車が急速に普及していきました。我が国において、石油を主体とした化石燃料依存型の社会とライフスタイルが定着したのはこの頃でした。一九六九年には、宇宙船アポロが人類初の月面着陸を果たしています。

一方、材料の質を単純化してモデル化する、デカルトの「機械論的自然観」を根底に置いた古典的設計論は、科学技術が「第1コーナー」をまわる頃には、各所でその限界を呈していました。一九四三年から一九四六年にかけて、船体を鉄鋼の溶接構造としたアメリカの大型貨物船が、冬に真っ二つに割れるという事故が連発したのもその一例です。これは溶接熱影響部の低温脆性（温度が低くなると脆くなる性質）によるものであることが、後の調査で判明しました。この、材料の低温脆性は、一九八六年の宇宙船チャレンジャーの事故の原因にもなりました。また、一九五三年前後に、高高度を飛行できる初のジェット旅客機コメットが相次いで墜落した事故も、材料の性質が原因となった例です。この事故は、用いていたアルミ合金の構造物に、高高度の飛行と着陸を繰り返したことによる金属疲労で亀裂が発生し、その進展により機体の分解に至ったことによるものでした。両者の例は、材料の性質の、使用環境による変化と経年劣化が原因であり、その後の構造物の設計法に大きく影響を与えました。材料の特性とその劣化現象は、現代にあっても未解明な点や解決できないケースも多く、現在用いられている人工物においても、至る所で発生しています。

一九四五年前後が「科学技術と社会の関係の第1コーナー」であるとすれば、一九七〇年前後は、我が国では、その「第2コーナー」でした。この頃から科学技術は、社会に有益なものというよりは、社会に不可欠なものとなっていきます。電力供給システム、化石燃料供給システム、交通システム、上下水道、通信システム等の社会インフラは、ますます高度で巨大なものになり、それにともない、お互いに依存するようになっていきました。また、そのものの機能と経済性を重視した、プラスチック、合成繊維、合成洗剤、コンクリート、化学肥料、農薬などの合成物質が世の中にあふれ始めたのもこの頃です。

科学的方法により、機械や装置をつくろうとする場合、先ず、その機械や装置が目的の性能を持って動作するように設計します。このとき、その機械や装置には、外部からエネルギーや物質を供給する必要が出てきます。一方、その機械や装置からは、熱やガス等を外部に放出しなければならなくなります。そのとき、設計にあたって、これらの外部とのやりとりは「境界条件」として与えます。最も簡単な境界条件は「一定」、すなわち、外部から常にいくらでも必要なものが供給され、外部に何かを放出しても、いくらでもそれらを受け入れてくれるという条件です。設計の際、当然、内部で消費されるエネルギーや物質を少なくすることや、外部に排出される熱や物質の量を減らす工夫は行われます。当時は、それは内部のため、例えば、性能向上や運転経費の節約のためであって、必ずしも外部の都合まで考えた設計ではありませんでした。

必要なものは常に外部から供給されることを前提にして設計されたものは、現代にあっても世の中に満ちあふれ、その前提が崩れたとき、それら文明の利器の機能は一気に失われます。それが凶器にすらなることを、この度の原発の全電源喪失事故で人々は知ることになりました。

科学技術が「第1コーナー」をまわる以前の明治期のことですが、次のような例がありました。当時の明治政府による釜石製鉄所の高炉建設です。それまで釜石では、木炭を燃料とした高炉が南部藩により開発され、順調に稼働していましたが、国は富国強兵策の一環として、規模がその十数倍の近代高炉をイギリスから技師を呼んで明治一三年に完成させました。しかし、その数か月後には燃料である木炭の供給が不十分で操業できなくなり、結局、明治一五年に廃炉となってしまいました。その高炉は、当時イギリスでふんだんにあったコークスの使用を前提にしていたものでした。西欧の近代設備の性能そのものに眼をうばわれ、木炭の供給という地域の自然的・社会的条件を軽視したことによる失敗でした。地震と津波が引き金になった福島第一原子力発電所の事故もこれと同じ轍を踏んだのでした。

機械や装置の機能や性能を主眼とし、その外部を単純な境界条件として与える設計手法の弊害は、公害問題として如実に表れました。我が国で初めて光化学スモッグが観測されたのは一九七〇年のことでした。私が大学三年生の終わりの頃、京浜地区に企業見学に行ったとき、空はスモッグに覆われ、「春のうらら」と歌われた隅田川は黒く濁って腐臭さえ漂っていたのに驚いたものでした。その頃、PCB(ポリ塩化ビフェニール)によるカネミ油症事件も発覚したのですが、当時受けた講義のノートを見ると、高性能の絶縁油として、そのPCBの名が挙がっています。これら種々の公害問題を受けて、一九六八年には当時の通産省工業技術院に公害資源研究所が、一九七一年には環境庁が設立されています。

一九六九年、私が大学四年生のときです。東北大学教授から民間に転出され産業界で活躍されていた大先生が学生の前で講演されました。おりしも全国の大学で大学紛争が多発していた時代です。血気盛んな学生の一人が次のような質問をしました。「先生は科学技術や工業化社会が人々を豊かにしているとおっしゃいますが、今問題になっている公害問題をどうお考えなのでしょうか」。大先生は答えました。「大変結構なことではないですか。人間の技術が大気や水の環境にようやく影響を及ぼせるようになったということです。さらに技術が発展すれば、いずれその問題は解決するでしょう」。確かに我が国はその後、技術開発により、多くの公害問題を克服し「環境先進国」と言われたのでしたが、当時の学生達はこの答えを聞いていきり立ったものでした。しかし、今にして思えば、「第2コーナー」以前の、自然の脅威に耐え忍んできた世代の人間にとって、科学技術が自然に一矢むくいたという事実は喜ばしいという認識も偽らざるものだったのかも知れません。当時は、科学技術が起こした問題は科学技術者が解決できるものだと、科学技術の内側にいる人も、外側にいる人も思っていたのです。それが間違いであったことは、時代が進むにつれ明らかになっていきます。

一九八〇年代になると、「科学」と「技術」の融合も成熟し、工業製品も、材料特性のみならず、人間の使い勝手も考慮されたものになっていきました。後に発展することになる情報技術に頼ることなく、使われる材料や部品の特性を活かして、その機器の性能の上限まで迫るような製品が各方面で発売されるようになりました。時計、カメラ、アナログのオーディオ機器などがその身近な例です。

その一方で、数学を駆使し、現実の〝もの〟や現象の束縛から自由な、情報科学、情報技術が芽吹いたのもこの時代でした。デカルトの「機械論的自然観」に基づく技術が、形を変えて出現したのです。一九六九年には、現在のインターネットの前身であるコンピュータネットワークがアメリカで開発され、一九八四年には我が国でも運用が開始されています。一方、一九七五年頃には小型計算機チップであるマイクロプロセッサが産業界や研究機関で普及し始め、一九八一年には国産のパソコンが発売されて、研究室の計算機もミニコンからパソコンに置き換わっていきました。その後、演算素子やメモリ等のハードウェアならびにソフトウェア技術が急速に発展して、これまで考えられなかったような莫大な情報量を高速で処理できるようになり、科学技術と社会の関係は、現代へとつながる「第3コーナー」へと入っていくことになります。一九九五年前後のことでした。

第3コーナーをまわった科学技術と社会の関係

科学、科学技術は、その対象を、物理現象から、原子、量子、素粒子、生物、人体、気象、地球と次第に拡げ、「第3コーナー」をまわる頃には、その対象は、生命、自然生態系、地球環境、人間社会、等々、あらゆる分野に及んで、メガサイエンス、そしてポスト・ノーマル・サイエンス(*2)の時代に入っていきます。

生命科学とともに発展してきたバイオテクノロジーは、分析機器や情報技術の発展を背景に、ゲノム解析、遺伝子操作、クローン動物作成、iPS細胞による再生医療等、生命を操作できる段階にまで達しています。また、超大容量の高速データ処理技術や医療機器の発達を背景に、脳科学や人工知能技術等、人間の思考やこころを対象にした研究も進んでいます。また、材料の分子レベルの構造や機能を創成するナノテクノロジーは、新機能を有するいろいろな超微細粒子や新素材を生み出すに至っています。

一方、電子素子の高集積化や微細加工技術を駆使したマイクロテクノロジーが発達し、メモリやマイクロプロセッサの一層の高速化、高密度化が進むとともに、いろいろな超小型センサーや超小型通信モジュール等も開発されるようになりました。これによって、スマートフォンに代表されるような、小型で多機能な情報機器が一挙に発展するとともに、家電や自動車をはじめとする各種機械と情報機器との統合が進みました。そして、かつては研究機関や産業、あるいはインフラ等の、社会の限られた範囲にとどまっていた科学技術は、今や、社会全体にしみ込む科学技術、さらには人間につきまとう科学技術にさえなっています。また、情報ネットワークの発展とグローバリゼーションの相互作用により、人類史上例を見ないネット社会、サイバー社会という仮想空間が出現するに至っています。さらに、コンピュータ、センサー、ディスプレイ、駆動装置等の多様な機能が統合された機械は、一見、自然現象では起こり得ない映像や動作、例えば、時間が逆行しているように見えることや、重力の法則に従わないような動作まで可能になり、人間の動作の延長であったかつての道具や機械をはるかに超えた、そして自然界からも独立した人工機械となりつつあります。

科学、科学技術が、生命、自然生態系、地球環境、人間社会等へ、その対象を拡げるにともない、これまでの科学、科学技術の方法論の前提が必ずしも有効ではないことが次第に明らかになってきています。まず、「要素還元科学」の限界です。旧来の科学は、ものごとを、それらを構成する要

(＊2) ジェローム・ラベッツは、著書『ラベッツ博士の科学論―科学神話の終焉とポスト・ノーマル・サイエンス(原著 The "No-Nonsense Guide to Science", 2006))』(御代川貴久夫訳、二〇一〇年)で、ゲノミクス、ロボット工学、人工知能、神経科学、ナノテクノロジーなどを「ポスト・ノーマル・サイエンス」と呼び、それらの〝不確実性〟について論じています。

素に分解し、個々の要素の挙動を解明することにより、全体の挙動を明らかにしようとするのが、その基本的方法論でした。ところが、複雑なシステムでは、個々の要素の挙動が完全に分かっていたとしても、システム全体の挙動がわかるわけではないことや、生命現象のように、要素にいくら分けていってもその現象が解明されるわけではないこと、また、個々の要素の機能よりも要素間の連携やバランスが、システム全体の挙動に重要な意味を持つ場合が少なくないこと等が明らかになってきています。

次に、「客観科学」の限界です。主観を排した客観的事実やデータを積み重ね、そこから法則を見出したり、ものごとを解明したりするのが科学的方法でした。しかし、取得できるデータが限られている場合や、個別性、地域依存性、偶然性の高い事象では、客観性が保証される事実やデータ、あるいは、科学的合理性や必然性だけから分かることはむしろ限られています。また、こころの問題や人間社会の問題のように、主観や当事者性こそが重要な意味をもつ場合も少なくないことが、研究者の間でも認識されるようになってきています。

外側から見た科学技術の発展と負の側面

科学技術の発展が、生活の利便性や効率化、合理性を高め、それが苛酷な労働からの解放や、経済発展、公衆衛生の改善等、人類の福祉の向上をもたらしていることはまぎれもない事実です。しかしその一方で、前述のように、科学技術の発展にともなう、いろいろな負の側面も露呈してきています。このことについて、もう少し考えてみましょう。

人間の活動に災禍がともなうことは、太古の昔から変わりありません。科学技術による災禍も、「第1コーナー」以前はこの範疇に入っていたと言えるかもしれません。例えば、航空機、船舶、橋梁等の破壊あるいは土木工事等による事故です。その原因は、主に装置や方法の欠陥であり、被害を受ける人はその当事者や受益者で、被害の範囲も限定的でした。また、それらの欠陥は科学技術者が取り除いたり、その技術そのものを事故が起きないように改善したりすることも可能でした。

科学技術と社会の関係が「第1コーナー」をまわる頃になると、このような事故に加え、新たなタイプの災禍が社会問題になってきます。まず、大規模な工場や工業地帯の出現と公害問題、さらに、それらの事故にともなう環境汚染と人的被害です。科学技術は、その時代時代において、想定された条件と仮定の下、それまでの知識の範囲内で、ある目的を達成するための理論や技術をつくりあげます。工場はそのような技術が地域社会に「実装」されたものです。しかし、前述のように、この「実装」が、周辺環境、地域住民の健康、地域の生業や暮らし、伝統、文化、地域の自然や生態系、等、地域社会にどのような影響を及ぼすかについては必ずしも十分に配慮されていませんでした。また、企業の経済的理由等から、十分な対策を怠った例も後を絶ちませんでした。さらに、それらの予測や評価をしようとしても、確定的な解を求めることが困難なこれらの問題に対して、科学技術は未発達でした。製品を生産するための工場がうまく稼働していても、その一方で、地域の暮しを破壊したり、公害問題を起こしたりするのはこのためです。加えて、ひとたび想定外の事態が発生すると、用いた仮定が不適切であった場合には、被害はさらに甚大になります。東日本大震災にともない発生した原発事故はこの典型でした。このような、科学技術の社会実装にともなう問題は、被害が不特定多数の第三者に及び、その範囲も広大になることが多いのです。また、間接被害まで考えると、どこまで被害が及んでいるのかも明確ではありません。

農薬や食品添加物、有害物質を含む工業製品等の普及による、環境汚染と人的被害は、科学技術が社会に広く浸透を始める「第2コーナー」前後から問題になってきます。これらの有害物質は、科学技術者が、それぞれの目的を達成するために開発したものであり、それらが、開発段階では考えていなかった問題を発生させたものです。この意味では、それまでの公害問題や事故による被害と同様です。しかし、それらの有害物質が問題を引き起こす時点では、それらは科学技術者の手を離れ、一般の人々に渡っている点が大きく異なっています。公害や事故の場合は、加害者が明確であるのに対して、有害物質を含む工業製品等を使った当人が被害にあったり、はからずも加害者になったりもするなど、加害者と被害者の線引きが難しい問題が、科学技術の成果が社会に浸透するにつれて生じてきたのです。

このような、科学技術と社会に関するいろいろな問題が、経済発展と連動しつつ、時と所を変えて引き続き生起する一方で、さらに新たな問題が浮上してきました。エネルギー、資源の涸渇と自然破壊、そして、現代科学技術文明の崩壊にもつながりかねない、地球環境問題、すなわち、地球温暖化にともなう気候変動や海面上昇、生物多様性の喪失等の問題です。これらの問題は、地球上の全ての人が被害者になり、また、科学技術の恩恵にあずかる全ての人が、何らかの形で加害者でもあります。被害の内容も広範で多様であり、その因果関係も不明確であるなど、科学的にも未解明な点が多い問題です。

「第3コーナー」以降、科学技術は情報技術の進展とともに社会のあらゆる場所、あらゆる場面、そして人間の生活全般に浸透するとともに、今や、社会の根幹や暮しの根幹を担い、科学技術強度依存社会とも言える状況をつくり上げています。それによって、仕事や暮しの利便性や効率が向上する一方で、そのかなりの部分が科学技術まかせになり、人々が自らの感覚や頭を使わなくともよい社会にすらなりつつあります。

しかし、科学技術に強度に依存する社会は危険な社会です。なぜなら、それぞれの科学技術が想定している条件や仮定が崩れたとき、それらは正常に稼働しないばかりか、凶器にすらなることは、前述のとおりであるからです。加えて、情報技術と融合したシステムは、一旦障害が発生すると、使用者はどこが故障したかもわからず、そのシステムを専門とする人間以外対処することが難しいため、復旧に時間がかかることになります。しかも、社会的影響力が大きいシステムほど複雑であり、取り扱っている情報量も膨大であるため、社会に大きな混乱を引き起こすことになります。「第3コーナー」以降、急速に発達したこれらの機器は、年々その進歩の速度を増し、機能が高度化、多様化しているのですが、その一方で、それらの完成度は低く、また、長年の稼働実績もないため、新品での性能は保証されていたとしても製品寿命は短く、すぐに更新しなければならなくなるという悪循環を生んでしまっています。他方、世界規模での情報の共有化と、膨大な情報から必要な情報を抽出、処理できる技術の発達により、サイバー攻撃、コンピュータ・ウィルス、機密情報や個人情報の流出等の情報セキュリティの問題が、国家レベルから個人レベルまで、ありとあらゆる組織と人間に危害が及ぶ、新たな脅威となってきています。

科学技術強度依存社会は、我々が点滴を受けて生命を維持しているようなものです。自らは、食べ物を探すことも、食べることも、かむこともない世界ですが、ひとたびその点滴に問題が生じれば、自分自身ではどうしようもない世界でもあるのです。

科学技術機器は、今や、社会に無くてはならないものとして幅広く普及する一方、誰でも使える凶器として、悪意のある者に容易に利用されるばかりではなく、一般の人々がお互いを傷つけ合い、また、中毒症状により自らも傷つけるものにもなっています。一方、オフィスでは、現実、現物、実体から乖離した仮想空間での、気の抜けない頭脳上の作業ばかりになり、それが、ストレス、ひいては、感性の喪失、人間性の喪失にすらつながっています。旧来の科学技術の副産物であった有害物質は、科学技術者が自らその危険性を取り除くことができますが、これらの科学技術の有害性は、その有益性との線引きすら容易ではなく、これらの問題をどう考え、どう行動するか、ここでも科学技術者のあり方が問われています。

暴走する科学技術

科学技術と現代社会の関係で最も危険な点は、それが暴走の構図を内包していることかも知れません。これまでの科学技術は、真理の探究のため、あるいは、社会の要請に応えるために、諸々の技術開発を行ってきました。しかし、近年、技術開発は、国家や企業の経済戦略のためのツール、社会の実体や要請とは別の、新たな需要を創るためのツールに変貌しつつあります。これによって、人々は、本来必要としていなかったものや、これまでの社会に存在しなかったものを買わされ、それが次の新たな需要を生み、その需要を拡大させるためのさらなる技術開発が行われるというループが拡大しています。このループは、社会の実状や文化に根差したものではなく、また自然界の摂理にのっとっているわけでもないため、歯止めがきかず、エネルギー・資源の多消費と伝統・文化の破壊を加速させていくことになりかねません。

技術発展があまりにも急速であることも、暴走を促す要因の一つです。そこでは、新しい技術や製品の有害性が発覚したときには、それらはすでに世界中に普及してしまっており、取り返しのつかないことになります。また、次々と開発される情報通信機器のように、人間社会が新しい技術を〝飼い馴らす〟前に、さらに新しいものが半ば強制的に入り込んでくるため、人々は、それを開発した人や販売している企業の言われるままに行動せざるを得なくなっています。それを開発した人や販売している企業の人間が、人生の達人であるわけでもなく、その技術が人類の福祉の向上のためであるかどうかもわかりません。こうして、誰も行く末がわからない技術開発が、とめどもなく進行していく恐れがあります。

さらに危険なのは、現代の科学技術が社会や人間の営み、あるいは価値観ばかりではなく、人間性まで変えてしまう恐れがあることです。これまでも、科学技術の発展により、社会や人間の営み、あるいは価値観は大きな変貌を遂げてきました。しかし、現代の科学技術がもたらした、サイバー空間とネット社会という実体をともなわない仮想空間は、傍観性、匿名性、非当事者性という〝疑似客観性〟をも有しています。自分に都合の良い情報だけを組合せた、自分の心身の痛みなどの実感をともなわない〝主観を排した思考〟は、自らの責任や倫理観、人間性の外で行動する、新たな人間と人間社会を生み出しつつあります。そして、その社会は新たな需要を生み、新たな技術開発と、そのような社会の拡大へとつながっていきます。

現代の科学技術は、自然の摂理から逸脱した巨大な生き物のように成長して暴走し、人間社会を振り回しているかのように見えます。そして、その行き着く先は誰も予想ができず、誰かがそれを思い描いたとしても、そうなるかどうかも分からず、また、それが人類にとって、人間にとって、あるいは、地球上のそれぞれの地域社会にとって本当に良いものであるという保証はおろか、現代科学技術文明の崩壊や人類の破滅さえ予感させるものになってしまっています。

全幅の信頼を失った科学技術者

東日本大震災以降、人々の科学技術に対する信頼を裏切るような事が次々と起こりました。世界で地震発生のメカニズムの解明が最も進んでいるとさえ言われた、三陸沖での地震の形態と規模の予測が失敗し、さらに、技術の先端を行く津波のシミュレーションとそれに基づくハザードマップで示されたよりもはるかに巨大な津波が襲来して、大災害をもたらしました。人々は、先端科学技術といえども、大自然の脅威の前には無力であることに困惑しました。加えて、多くの専門家が鋭意技術開発を行い、その安全性を事あるごとにＰＲしてきた原子力発電所が苛酷事故を起こしたばかりではなく、一旦事故が起きたときの発電所内での対策が、極めて不十分だったことに加え、発電所外の広範囲に及ぶ放射能汚染に対する手だてにいたっては、ほとんど考えられていなかったことに、人々は驚きました。

震災後の様々な専門家の発言に、人々は、高度な専門的思考の世界と現実の社会とのギャップに驚くとともに、水俣病、薬害エイズ等の問題で浮上した、科学技術の負の側面を省みない、開発側・推進側に立つ科学技術者や御用学者、そして、専門家や関係者で閉じた〝村社会〟の存在を再認識することになりました。

復興過程において社会問題となった、各省庁の「便乗予算」に科学技術者が一部加担したことも、科学技術者の社会的信頼を失墜させました。すなわち、〝先端科学技術による復興〟を目的とした研究助成金や復興予算を獲得して、何の実績もない新技術を、それまでの地域社会の実状を知ることもなく、上から目線で被災地に持ち込み、何ら地域の持続的な復興に具体的に寄与することもなく、独善的な〝成果〟をあげて研究期間を終了する例が見られたのでした。

その後、相次いで発覚した、自動車排ガスデータ不正事件、医薬品データ捏造事件、ネットワークを利用した詐欺事件やサイバー攻撃、等、科学技術者がその専門性を悪用した犯罪や、論文の盗用と捏造、研究費不正、等、科学技術者の倫理観が疑われるような数々の不祥事は、科学技術者の社会的信用を大きくおとしめることになりました。

科学技術者は、かつては、広い見識と国際性を持った文化人であり、科学者としての内なる絶対座標と倫理観を持った人格者でした。もっとも、昔の科学技術者といえども全知全能ではありませんでした。しかし、その研究対象の多くは、現代の科学技術が相手にしているような、環境、生態系、生命、人間、地球のような不確実性がなく、科学的合理性や必然性が通用する分野でしたし、現実の社会においても、科学的合理性や必然性で解説したり解決できたりする問題も多数ありました。また、〝権威〟として、このような科学的思考を世の中に広める役割も、科学技術者は担っていました。

しかし現代は、かつて人々が科学技術、科学技術者に夢を託した時代とは異なっています。科学技術はあたりまえのように社会に広く浸透し、国際性も、もはや科学技術者に特有なものではありません。その一方で、科学技術に対する人々の期待は、旧来の科学技術では解決できないような不確実な問題へと拡大しています。今や科学技術者は、高い専門性と社会的立場を有する人間として、人々の期待、社会とりわけ経済的要請に応えなければならないという義務感、制度化された組織の論理、人間としての思いと欲得、そして、科学技術本来の、真理の探究と人類の福祉の向上への思いの狭間で揺れ動き、もがいているように見えます。これらのことを掘り下げるには、先ず、科学技術の内側にまで立ち入る必要があります。次章では、このことについて述べてみたいと思います。

2. かみ合わない科学技術の内と外

誤解される科学

東日本大震災の後、科学や科学技術に関して、各界のいろいろな人の発言や報道が相次ぎました。私はそれらを見聞きするうちに、世の中の多くの人が、科学というものを誤解していることに気付きました。例えば、次のようなことです。

「科学的である」＝「正しい」
「科学的データが無い、科学的根拠がない」＝「その事実は無い」
「科学的に証明されていない」＝「間違いである」
「ほとんどの科学者が否定的である」＝「正しくない」
「科学的に説明できる」＝「解明されている」
「確率が低い、頻度が低い」＝「起きない、起きても軽微である」

無論、これらの全てが間違いであることは、科学・科学技術の内側にいる人にとっては常識です。「科学的に行っている」。これは、ある手段が妥当かどうかを問われたときの、ある人の答えでした。「科学的に」行っていても、それが必ずしも妥当ではないことは、過去の事故や公害の事例を考えれば明らかです。事故を起こした人工システムや、公害を起こした工場も、その設計や運転のほとんどは「科学的」に行われていたはずです。「科学的である」ことが「正しい」とは限らないことは、天気予報を考えても明らかです。

「科学的データが無い」ことは、「その事実が無い」ことと同義ではありません。これは放射能汚染の影響を心配する人々に対して言われた言葉でした。しかし、例えば、平安時代に、ある人が、道にあった石ころを蹴飛ばしたとしても、現代にあって、その根拠となる科学的データは得られません。しかし、当時、誰かが石ころを蹴飛ばしたであろうことは想像にかたくありません。

「科学的に証明されていない」。これは「このようなことが起きたのではないか」という指摘に対して、それを否定するために使われた言葉でした。世の中には、未だ科学的に証明されていないことは山ほどあります。いや、証明されていないことの方がはるかに多いのです。だから、科学者は日々研究しているのです。

「ほとんどの科学者が否定的」であっても、それが「正しくない」とは言えません。科学的真理は、人々の多数決で決まるものではありません。地動説やプレートテクトニクス論に対する反応がそうであったように、新しいものの考え方に対して、多くの科学者は、当初は懐疑的であったり、否定的であったりするものです。

ある現象が「科学的に説明できる」からと言って、それが「解明されている」とは限りません。「説明できる」ことと「解明されている」ことは別のことなのです。「説明できる」ということは、ある条件の下、それまでに得られたデータを説明できるということであって、条件が変わったり、新たなデータが出てきたりする場合、それも説明できるとは限りません。また、あらゆるデータが説明できたとしても、全く別な説明も可能であることは、よくあることです。

あることが起きる「確率が低い」、あるいは「頻度が低い」ことは、そのことが「起きない」ことでも、「起きても軽微である」ことでもありません。１０００年に一度の大地震や大噴火であっても、今は９９９年目であるかも知れません。また、０・１％の発生確率の事故であっても、それに遭った人にとっては１００％の確率と同じです。震災でまわりの人が多数亡くなろうが亡くなるまいが、かけがえのない肉親一人の死は、その家族にとって同じなのです。確率が０・１％と言うと、めったに遭わないと思いがちですが、10万人のうち１００人がそれに遭うと説明されると、我がこととして心配になります。確率的なことは、その表現の仕方によって、感じ方が大きく変わるものです。これは「確率の魔術」と言われています。

科学的方法

それでは、科学というものに、もう少し踏み込んで説明していきましょう。科学には、一七世紀には確立されていたと言われる一般的な方法があります。

いま、解明したい現象があったとします。そこでは、先ず、観測、測定、あるいは実験等によって、その現象に関するデータを取得するところから始めます。このデータの取得は、第三者が行ったとしても同じデータを得ることができるような、客観的な方法によらなければなりません。また、データ取得時の条件、例えば、実験装置、実験方法、実験条件を明確にし、後に、本人はもとより、第三者もそれを再現できるようにしなければなりません。取得されたデータに〝ばらつき〟があるときは、それも有力な情報ですので、そのばらつきの度合いについても記録しておく必要がありますす。このデータの取得は、ただ闇雲に行えばよいというものではなく、後の現象の解明に役立つように行う必要があります。これには、その現象に関する、本人の知識のみならず、科学的技量や直観力が必要であり、そのためには、科学的な訓練や経験、そして、本人の能力が必要になります。

次に、それまでに得られているデータ――これは必ずしも自分が取得したデータである必要はありません――を説明できそうな、その現象のメカニズム、法則、あるいはモデルを考えます。これらは、この時点では「作業仮説」あるいは単に「仮説」と呼ばれます。この仮説により、いろいろな条件における現象の予測が可能になります。次に、この予測された現象が、実際に起きるかどうかを、新たな観測、測定、あるいは実験等によって「検証」していきます。このとき、この仮説による予測に反するようなデータが得られた場合には、その仮説を修正するか、別の仮説を考え、さらに、その仮説を実データにより検証することを繰り返します。そして、最終的に、それまでに得られている、あらゆるデータを説明できる、その現象のメカニズム、法則あるいはモデルを得ます。これが科学的方法と言われるものです。

これらの一連のプロセスは、必ずしも一人で全部やるわけではありません。一個人は、その現象のデータを取得するための観測や実験だけ、すでに得られているデータや仮説の理論解析だけ、あるいは検証実験だけを行う場合も少なくありません。また、他人が提案した仮説を否定するためにデータを取得する場合もあります。一連のプロセスの完成に長い年月がかかることもあります。例えば、ニュートン力学が完成したのは、ニュートンが万有引力の法則を提唱した１００年も後のことでした。

こうして得られたモデルや法則、あるいは理論は、それまで得られている限られたデータを合理的に説明できるにすぎません。後年、新事実が発見されたり、あるいは、測定技術の発展や測定精度の向上により、それが必ずしも正しくないことが判明したりすることもあります。また、そのモデルや法則、あるいは理論によって明らかになるのは、想定した条件下の、注目している現象についてだけであって、現象の全てが分かるわけではありません。例えば、ある現象の力学モデルでは、普通、そこで起きているかも知れない生命現象までは考えていないのが普通です。人工システムの動作モデルにしても、多くは、それが破壊した場合の動作まで予測できるわけではありません。

近年、情報技術の発達により、大規模で複雑な現象の、数値モデルによるシミュレーションがさかんになっています。そこでは、いろいろな条件下での現象の予測や、未だ起きていない事象の将来予測も可能になっており、その結果の多くは、説得力のある3次元カラー表示等で示されます。しかし、このシミュレーション結果も、用いたモデルが仮定した前提や条件の下での結果であり、その前提や条件が崩れれば、その結果は、見た目の説得力にかかわらず、信頼に足るものではなくなります。また、シミュレーションでは、数値で表すことができないものを考慮することはできません。もしそれらを無理に表そうとすると、そこに研究者の恣意的な要素が入ったり、多くのものが抜け落ちたりすることになります。また、シミュレーションでは、数値計算のために、条件を表すいくつもの定数（パラメータと言う）を入力する必要があるのですが、このパラメータの決定にはかなりの任意性があり、その決定のしかたに問題がある場合も少なくありません。例えば、パラメータの数が多いと、たとえ数値モデルが妥当なものでなくとも、それらのパラメータの値を調整することにより、観測データや実験データにシミュレーション結果を無理やり合わせることも可能なのです。

科学的方法は、これまで多くの現象を解明するとともに、社会に有用な数々の人工物の創造のための基本的手法として有効に用いられてきました。しかし、科学的方法により、すでに世の中の全ての現象が解明されているわけではなく、むしろ限られた現象が合理的に説明できているにすぎません。また、その合理的説明も、将来の科学の進歩にともない変わる可能性も秘めているのです。

科学と科学知

このようにして得られた科学・科学技術の成果は、論文や報告書あるいは工業製品として世に出され、それが科学者・科学技術者の間で新規性、妥当性が認知・評価されると、人類共有の「科学知」という知識体系に組み入れられていきます。この科学知は、これまでの科学・科学技術が明らかにしたことの集積であり、今では分野ごとに膨大な量に及びます。科学知は、国や民族、宗教などによらない、客観性、普遍性を持ち、また、それ自体、自己矛盾がない合理性を有しています。科学者・科学技術者は、この科学知の上に立脚し、それらを駆使しながら、さらに未知の領域を開拓していきます。

ここで、世の中の多くの人が——科学・科学技術の外側にいる人もさることながら、内側にいる人でさえも——大きな誤解をしていることに注意しなければなりません。それは、「科学知」は分かったことの集大成なのですが、科学・科学技術の営み自体は「無知」の営みだということです。だから科学者・科学技術者は研究するわけです。研究の現場にいる科学者・科学技術者は、分からないことを眼前にして、従前の科学知を駆使しながらも、時には悩み、時には自らの感性と想像力を逞しくしながら、また、時には気力と体力に頼りながら暗中模索しているのです。科学知の世界は合理的、客観的なのですが、科学・科学技術の営みの世界は無知であり、不条理であり、そして主観的なのです。この無知の世界では科学的必然ではない、偶然ものをいいます。偶然が大発見・小発見に結びついた例は枚挙にいとまがありません。

我が国では、小学校から大学まで、科学・科学技術の教育が充実し、今や、科学・科学技術は、多かれ少なかれ、人々の素養の一部となっています。しかし、そこで行われている教育のほとんどは「科学の成果」の教育であって、「科学」の教育ではありません。「科学知」の教育、すなわち「分かっていること」の教育なのです。そこでは、これまで蓄積されてきた膨大な科学知のうち、最も基本的なものから順序立てて教えます。このとき、頭を混乱させるようなことは極力教えないようにしているのです。

例えば、1・5ボルトの乾電池を2つ直列にしたとき、3ボルトになることは教えても、1・5ボルトの乾電池と3ボルトの乾電池を並列にしたときの電圧がどうなるかは教えません。このときの電圧は、電池の内部抵抗というものを定義すれば、理屈の上では求めることができるのですが、実際に1・5ボルトの乾電池と3ボルトの乾電池を並列にすると、その電池が想定している以上の電流が流れて、電池が発熱し、その電圧も内部抵抗も設計値とは異なってくるため、単純に求めることはできないのです。また、オームの法則を確かめる理科の実験でも、例えばジャガイモに電極を挿して、それに加える電圧と、流れる電流の関係を測定しても、電極反応等のため、両者は比例しません。つまり、オームの法則は成り立たないのです。豆電球で実験しても、電流が流れて豆電球が点灯すると、発熱のためその抵抗値が変わるため、やはり電圧と電流は単純に比例しません。そのため学校では、そのようなことがおきないような材料と条件を、あらかじめ注意深く整えて実験させているわけです。

このように、教育プログラムを考える人にとって、「いかに教えるか」もさることながら、「いかに教えないか」も重要なテーマなのです。このようにして、分かることだけを上手に教えられた生徒達は、正答のある試験問題によって、その理解度を試されることになります。いや、現代の我が国の受験戦争下にあっては、試験問題で正解を書くために、科学を学んでいると言っても過言ではないのかも知れません。

私が東北大学工学部で教鞭をとっていた頃、学部三年の学生に、高校までに習った物理学を実際の生活で使ったことがあるかを、毎年聞いていました。すると、六〇～七〇名いた学生のうち、手を上げたのは例年二、三人だけでした。物理に最も興味を持ち、その成績も優秀だったはずの工学部学生であっても、そのほとんどが、それまでに習った物理学の知識を、正答のある試験問題を解く以外に使ったことがないのでした。

科学はパズル解きではありません。科学が対象とする現実の問題にはいろいろな要素が混在し、正答は分からない、あるいは正答があるかどうかも分からない、ときには、それが解くべき問題であるかどうかも分からないような問題を相手にしているのです。ある教授が、学生に卒業論文のテーマを与えたところ、一か月ほどたってその学生が教授室に現れ、「先生、答えを教えて下さい」と言ったので、あきれたそうです。

「無知」の実際の科学を、自らが実践しながら修得するのは、小学校から大学までの一六年の教育課程のうちの最後の一～二年だけであり、それも理系の全ての大学でその教育が行われているわけではありません。

科学教育は科学知、すなわち、これまで分かったことだけを教えていればよいわけではありません。現代にあって、科学技術者は社会から隔離された世界の中で、大自然の謎を解き、また、ものをつくり上げ、世に送り出しているだけでよい時代ではなくなっています。そこでは、科学・科学技術に関連した様々な社会問題が生じ、それらは、これまでの科学・科学技術の枠組みやその延長では解決できないものが多くなっています。例えば、環境と共生した持続可能な社会を具体的に構築するために、いくら従来の科学知を教えても、そこにヒントはあっても答えがあるわけではないのです。その一方で、科学・科学技術による経済発展、エネルギー・資源問題の解決、自然災害の予知と防災、社会福祉、等への社会的要請はますます大きくなっています。

現実の社会では、現在の科学・科学技術の枠組みやその延長では解決できない問題が山積しています。これらの問題を解決するには、科学・科学技術の内側にいる人も、外側にいる人も、現代の科学・科学技術の限界を正しく認識することが重要なのです。しかし、現在の科学教育では、そのことを十分に教えているわけではありません。分かったことだけを、その知的体系の中で教えているので、先生自身、何でも分かっていないといけないと思ってしまいがちですし、生徒達も、先生そして科学・科学技術者は何でも分かっていると思いがちになります。それが現代人の科学過信、ひいては科学不信につながっているわけです。すぐれた科学・科学技術者ほど、「分からない」と言えるものです。なぜなら、分からないのは自分の能力不足や不勉強からではないこと、そして科学・科学技術の限界を自ら体験しているからです。

科学で分かること、分からないこと

科学・科学技術で分かること、あるいは分からないことは何でしょうか。これを一般論で語ることは容易ではありませんが試みてみましょう。

まず、ものの運動とか反応などの、ある限られた事象について、ある条件の下、それが科学的に法則や経験則が明らかになっている場合には、確定的にその事象を説明し、また予測することができます。天体の動き等がそれにあたります。ここで仮定された条件は、厳密に成立していなくとも、近似的に成り立っていればよく、この近似的に成り立っているかどうかの判断は、その結果をどのように用いるかに依存しています。ここに人為的要素や不確定要素が入り込む余地があります。

科学的経験則を得るには、客観性が保証された十分なデータと、その再現性の確認が必要です。例えば、地震や津波の到来の予測を、それまでの観測値だけから行うのは無理があります。なぜなら、地震や津波の原因となる地殻変動は何万年という時間スケールで起きているのに対して、地震や津波の科学的観測は、そのデータがいくらあっても、高々、観測している最近１００年の間で起きたものであるからです。

以上のように、科学・科学技術によって確定的に分かるのとは反対に、科学的にあり得ないことを確定的に指摘できることがあります。永久機関のように、エネルギー保存則に反することや、因果律に反すること、すなわち、ある現象の原因と結果が分かっている場合、原因より結果が先に表れること、などがそれにあたります。ただし、見かけ上、そのような現象がみられることもあります。例えば、考慮されていない環境中のエネルギーや、物質に内在するエネルギーが作用すると、エネルギー保存則は見かけ上成立しなくなります。また、原因だと考えられていた現象が、実は、未知の原因による結果の一つだとすると、その結果が、先に考えられていた結果の後に表れ、因果律が成立していないように見えることもあります。このようなとき、科学では、エネルギー保存則や因果律そのものを疑うのではなく、そのような現象を観測した方法や、そう考えるに至った思考過程を疑います。

ここで、一般社会では、「科学的にあり得ないこと」が、しばしば「科学的に説明できないこと」と混同されることに注意する必要があります。「科学的にあり得ないこと」は、「科学的に説明できないこと」とは別のことです。科学的に説明できない事実はいくらでもあり、それが将来説明できるようになる可能性も大いにあります。科学・科学技術者は、あり得ないということが科学的に証明されない限り、「科学的に説明できないこと」を「あり得ない」とは言わないものです。

それでは、分からないことについてはどうでしょうか。現在、科学的に分からないことはいくらでもあります。人類未踏の秘境、宇宙誕生の謎、素粒子の世界、超微細の世界、高温・高圧等の極端条件下の現象、生命現象、体内に住む微生物の世界、人間社会、等々です。科学・科学技術者はこれらの解明のため、日々研究にいそしんでいます。

これに対して、特に謎はないが、起きてみないと分からない現象というものが多数存在します。

例えば、サイコロを振ったときに、どの目が出るかというような問題です。どの目が出るかは、サイコロの持ち方、指や手の動き、空気の微視的な動き、落とす机の微小な振動と、その表面の微細な凹凸と弾性的性質、等々、影響を与えそうなあらゆる要素の状態について精密に測定し、その結果を用いてシミュレーションを行えば、ある程度予測が可能かも知れませんが、それは現実的ではありません。また、たとえそれをやったとしても確定的に予測できるとは限りません。なぜなら、人の手や空気、そして机は不規則に変動しているし、物体の性質自体も不規則にゆらいでいて、それらは確定的に予測できないからです。

科学・科学技術ではこのような現象に対しては、確率・統計的手法を用います。確率・統計的手法によれば、これらの現象の未来を確定的に予測はできないものの、それらの統計学的性質や生起確率を、ある程度評価できるため、それらの現象を解明したり、確率的に将来を予測したりすることができます。科学・科学技術は、分からないものを、分からないなりに分かる能力を有しているのです。

しかし、この確率・統計的手法をもってしても分からないことがあります。それは、例えば、個別的事象あるいは地域依存性の高い事象です。ある地域にあるとされる直下型断層が、今後どのように動くかどうか、等の問題がそれにあたります。この例では、その地域の具体的かつ詳細な地下構造や、それにかかっている力、地下水の状態、等のいろいろな条件が、断層の将来の動きを予測するために分かる必要があります。一般に、科学・科学技術は、普遍的な、つまり、世界中どこでも通用するような知識体系を構築することをそれ自体の目的としており、特定の地域や特定の個人のことについては、必ずしも重視していません。したがって、科学・科学技術は、一般的なことは言えても、個々の具体的なことについては「調べてみなければ分からない」ということになってしまうのです。しかも、確率・統計的手法は、特定のものや人についての具体的な将来を、確定的に予測できるものではありません。

さらに、自然生態系のように、未知の要因がさらに多数存在するような場合には、将来の予測は一層困難になります。例えば、増え過ぎた野生生物を捕獲することによって、その数を適正なものに誘導するというような問題です。それには、当該生物の棲息状況やその習性、あるいはその駆除方法ばかりではなく、当該地域の気候条件や餌となる動植物の状態、天敵の棲息状況、自然改変等の人的要因、等々、多くの要因がそれに関わってくるからです。このようなとき、科学・科学技術は「順応的管理」と言われる方法を適用します。順応的管理では、「無知の知」を基本とし、最初に、致命的、非可逆的影響が出ない範囲で、人為的な処理（この例では捕獲）を行い、その影響をできるだけ詳細に観察（これをモニタリングと言う）します。そしてその結果を見ながら、次の処理の仕方を考え、それを適用します。さらにその結果をさらにモニタリングし、同様の手順を繰り返すことにより、目的とする状態に近づけていきます。この方法には長い年月を要することもありますし、場合によっては、限りなくこの手順を繰り返す必要もあります。

自然科学的要因ばかりではなく、社会的要因、人的要因も関係する問題では、その対応はさらに困難になります。公害問題や放射能汚染問題、地球温暖化対策、エネルギー問題等です。これらの問題では、地域の人々の暮しや生業、伝統･文化等の個別的事情、利害関係等が深く関係し、科学・科学技術的視点は核心を突くかも知れませんが、それからだけでは、妥当な判断をしたり解決したりすることはできません。科学・科学技術的内容が地域住民にとって難解なことに乗じて、それ以外の、地域の個別的事情等を知らない科学・科学技術者が、結果的に、地域のためにならない方策を押しつけてしまうことすらあります。これは科学・科学技術の弊害と言うよりは、科学・科学技術者の弊害と言わなければならないでしょう。

それでは、人工システムの場合は、科学・科学技術はその全てを分かっているのでしょうか。ある人工システムを社会に「実装」したときに生じる社会的な諸問題までは分からないことは、これまで述べてきたとおりです。しかし、人工システムそのものに限っても、多くの分からない問題を内包しています。

人工システムは、ある想定された条件下で、決められた方法により運転すれば、その設計動作と性能は保証されていることになっています。しかし、実際には、使用を開始した直後から、予期せぬ故障や不具合にしばしば見舞われます。それは「初期不良」あるいは「初期故障」と言われています。多くの工業製品が、1～2年の保証期間を設けているのはそのためです。

想定されている使用条件もシステムの不確実さの原因です。使用条件は、使用される場所や状態、自然環境、使用者等、個別的要素によることが多く、確定的に予測することはできません。このようなとき、システムの設計者は、考えられる条件の何倍かまで耐えられるようにシステムを設計します。これを「安全率をかける」と言います。学生の頃、友人が構造設計実習の話で、「さんざん難しい式を使って、細かな計算をさせられながら、最後は2とか5とかいう、どんぶり勘定の安全率をかけるんだ」と自嘲的に言っていたものでした。安全率は、材料の予期せぬ強度不足や、使用条件の想定ミス等に備える、科学・科学技術の「無知」を前提とした、技術の知恵なのです。津波研究者の間には、「倍、半分」という言葉があります。それは、あるモデルで、津波の高さを予測したら、実際は、小さいときはその半分、大きいときはその倍の高さの津波の到来を覚悟しなければならない、という研究者なりの自戒なのですが、科学の外側にいる人にまで、このことが伝わっておらず、今回の数々の悲劇を生んだのでした。

安全率は科学・科学技術により確定的に決められるものではありません。そこでは、経験や実績のほか、自然災害予測、そのシステムの使用目的と使用状況、事故が起きたときの重大性、経済的な要因、政治的判断、等、人為的な要素が深く関係しており、システム設計者が専門としていない知見を必要とする場合も少なくありません。また、場合によっては、経済的理由等によって安全率をかけないか、低く設定している場合もあります。近年、材料強度評価とシミュレーション技術の進歩で、安全率を従前よりも低く見積もることができるようになっています。しかし、東日本大震災では、専門家の間でも高い評価を得た設計法による建物が重大な被害を受ける一方で、古い強固な建物が、それほどの被害を受けなかった事実に対して、科学・科学技術者は謙虚でなければならないと思います。先進、先端と言われる技術ほど、その使用実績は乏しいのです。

人工システムに関わる人の過ち（ヒューマンエラーと言う）も、システムの不確実性の大きな要因です。チェルノブイリ原発の事故は、運転員の操作ミスがそのきっかけであったことはよく知られています。ヒューマンエラーは、そのシステムに用いる材料や部品の製造工程に始まり、その組立や設置、そして運転時まで、あらゆるところで起こり、しかも、それをあらかじめ予測することはできません。これに備え、システムをフェイルセーフ、すなわち、人が過ちを犯しても、故障や事故に至らないように設計しておくことが行われます。一方、近年の情報技術の発達により、人間の判断や操作によらない、自動運転のシステムも多くなっています。しかし、機械がどのような判断を下すかを設計するのは人間であり、その人間が、不確実なあらゆる状況において、社会的、倫理的、あるいは感覚的、人間的にみても、妥当な判断をするように設計できるかどうかは、旧来の科学・科学技術の枠を超える問題です。また、システムをフェイルセーフにしようとすると、その分、設計コストと製造コストが高くなり、ここにおいても経済的、倫理的判断が必要になってきます。

人工システムを長期に使用していると、いろいろな故障や障害が多くなってきます。部品の磨耗などは、ある程度予測でき、定期的に交換することで対処できますが、材料や環境中に微量に含まれる不純物による材料特性の劣化、微視的な割れや変形等による強度の低下等、想定していない現象、あるいは、その発生を確定的に予測できない現象が、材料や部品の不具合を引き起こします。

人工システムは、全ての部品が正常に働くことを前提にしており、部品や材料の経年劣化により、複数の不具合が発生すると、連鎖的に不具合が発生して、大きな障害を起こすことにもなります。また、コンピュータ制御のシステムでは、そのコンピュータが故障すると、それがどんな些細な故障であっても、システムに大きな障害をもたらすことがあります。

人工システムを使用している間に、ＰＣＢやアスベストのように、使われている部品や材料の有害性が明らかになったり、人工システムの機能そのものが、人間や環境に悪影響を及ぼすことが明らかになったりもします。また、人工システムの廃棄も大きな問題を有しています。経済的価値に乏しく、自然循環もしない人工廃棄物は、放射性廃棄物から廃プラスチックまで、それらの製造責任も流通責任も問われることなく、今、世界中で大きな社会問題となっています。

科学技術はどのようにして進歩するか

現代の科学技術は、その外側から見ると、巨大な生き物のように成長して暴走し、人間社会を振り回しているかのように見えます。しかしそれは、大きな魚の群れの、全体としての形や動きと、個々の魚の動きとの関係のように、科学技術全体の動向と、個々の研究開発の進展の仕方や科学技術者の思いとの間には、大きなギャップがあります。科学技術がどのようにして進歩するのか、研究の現場から見てみましょう。

研究開発の現場

研究開発の現場にあっては、その進展は、必ずしも、その目的や目標に沿ったものではありません。こう書くと、科学技術の外側にいる人の中でも、例えば、科学技術行政に携わっている人、研究組織の管理者、科学技術評論家、マスコミ、等、科学技術に近い人ほど違和感を覚えるのではないかと思います。なぜなら、これまで公表されている学術論文や研究成果報告書を見ると、そのほとんどは、明確な目的や目標の下、そこに至る研究・開発の過程を克明に記述してあるからです。

「論文は日記ではない」。これは初めて論文を書く学生を指導するとき､私がいつも言う言葉です。論文は、それまでの自分の研究成果を、人類共有の「科学知」に組み入れてもらうための著作です。そこでは、その研究成果を得るに至った過程を、科学的合理性をもって、細大もらさず、しかも簡潔に記述しなければなりません。そのとき、主張する研究成果を得るに至った本質的な手順や論理展開を、第三者がそれをたどれるように記述し、研究成果に直接関係ないことはあまり記述しません。しかし、当の学生は、研究中、人には言えないような無知や失敗を含め、多くの脇道や横道、あるいは行き止まりを、行きつ戻りつして、ようやく研究成果として人に認めてもらえるようなものにたどり着いています。それらを実際の時系列に沿って、そのまま記述したのでは論文にならないのです。

実際の研究では、研究の結果のようなものが得られたら、それまでにたどった道の、どれがその結果に結びつく本質的な道筋であったかを、それらの道筋の妥当性を含めて整理して見直し、時には、再思考、再実験を繰り返して確かめながら、その研究成果を確固たるものにしていきます。そして、論文にまとめる際には、実際の時系列や試行錯誤の経緯はさておき、あたかも、その研究結果を得るために必要な、諸々の手順を合理的に組み立て、それによって目的の研究結果が得られたように記述します。このとき、その研究結果を得るという目的が、実際にあらかじめ研究の当初から設定されていたかどうかは問いません。このことは、初心者の学生に限ったことではなく、一流の研究者が書く論文でも同じです。「無知」の科学技術の現場とはこのようなものなのです。このようにして書かれた論文や報告書だけを見ている限り、科学技術の外側にいる人には、研究は目的や目標に沿って進展したと見えてしまうわけです。

研究はやれることをやる

では、もう少し研究開発の現場に踏み込んでみましょう。科学技術の進展は、それまで長年にわたり蓄積されてきた科学知と、その時代の装置、機器、部品、材料、製造技術、加工技術、情報処理技術、等の関連技術に立脚して行われます。科学技術の進展には、大きな夢や目標も大切ですが、それと同等あるいはそれ以上に、その夢や目標を、具体的な科学技術的課題として落としこむ必要があります。例えば、月に行きたいという大きな夢をかなえるためには、現在の科学技術の何をどのように活用し、また、さらに、どのような研究開発が必要かを、具体的に考えていかなければなりません。そして、個々の研究者は、それらの課題のうち、自分で何がやれるかを見極めます。〃やれそうなことをやる〟のが研究開発なのです。研究開発では、たとえ枝葉末節であっても、人のやっていないことをなし遂げる必要がありますが、世界中の科学技術者の数は膨大であり、競争も激しいものです。その中にあって、自分の能力と研究環境をいかに活かせるかが、自分の研究開発の成否を握る大きな鍵になります。

優位に立てる研究環境

では、研究者が優位に立てる研究環境には、どのようなものがあるでしょうか。世界に一つしかない機器や世界最高性能の装置があれば、ほかではとれないデータを取得することができ、研究開発の先端を行くことができます。そのような機器や装置がある研究機関には、世界中から研究者が集まってきます。単独の装置ではなく、いろいろな関連装置が揃っていることが重要な場合も多いものです。例えば、微小電子デバイスの研究開発では、材料処理、材料加工、試作、製造、測定、分析、評価、等のための一連の機器や装置と、それらを収容できるクリーンルームが整備されていなければなりません。それらが充実していることが、研究者にとって大きな魅力となります。研究開発では、未知の事象に接したとき、それを感知し、対応できるような多様で柔軟性のある機器や装置である必要があります。なぜなら、当初想定していなかった事象が、新たな発見や発明につながることが少なくないからです。これは、工場向けのルーチン化・自動化された装置と大きく異なる重要なポイントです。

巨額の設備や装置がなくとも、当該分野の研究に有用な、一連の技術や知識、ノウハウが蓄積されている研究環境は有利です。研究開発に必要な、試作、加工、観測、測定、分析、データ整理、信号処理、画像処理、等、どれをとっても、細部にわたり、技術や知識、ノウハウがものをいいます。高額の装置を多数保持していても、技術や知識、ノウハウが蓄積されていないところもあれば、組織として十分に継承し、蓄積されているところもあります。

世界中あるいは特定の地域の重要なデータや試料、あるいは資料が集約・整理され、それらが利用できる環境は有利であり、研究者も集まってきます。なぜなら、それらのデータや試料、資料は、多くの研究者や技術者が時間と苦労をかけて採取したものであり、単独の研究者だけでは容易に得られないものであるばかりでなく、それらを横断的に研究できることには多くのメリットがあるからです。

「人」は研究環境を決める重要な要素です。なぜなら、科学知は人間から独立した知識体系なのですが、科学・科学技術は生身の人間の営みであるからです。どのような人がどのような研究生活をおくっているかによって、その研究組織の善し悪しが決まると言っても過言ではありません。先進性、独創性、創造性、開拓性のある研究者とはどのような人間なのか。その生身の人間の、ものの見方、考え方、研究姿勢、科学的態度、そして、倫理観や人間性は、分野を超えて刺激になります。そして、そのような人間がお互いに感化しあい、刺激しあうことによって、その研究組織の空気というものがつくられています。優れた人材の集まる研究組織から、優れた研究成果が生れるのはそのためです。技官やテクニッシャン、あるいは技術支援者と呼ばれる人も、その組織やそこに所属する研究者にとって重要な存在です。多くの技術やノウハウはそれらの技術者とともにあるばかりでなく、研究者とは異なった、ものの見方や目線は、その人間性とともに、研究者の研究の幅、人間の幅を拡げるのに大いに役立つものです。

まわりに設備や装置あるいは人がなくとも、優れた研究環境を自らつくり上げることも可能です。それは人的ネットワークです。研究者として独立して孤高を保ち、ライバル意識を持って他と競争するのとは反対に、他の組織に装置を使わせてもらいに行ったときや、教えを乞いに行ったとき、あるいは学会や研究会で、他の研究者と真摯で本質的なディスカッションをすることができれば、科学者として互いに響き合うものです。また、常々そのことを心がけていれば、そうした人と出会うものです。このようなことを積み重ねていくうちに、自然と人的ネットワークができ、時には、連携研究や共同研究へと発展することもあります。このようにして形成された人的ネットワークは、研究者にとって貴重な研究環境なのです。

研究者が所属する研究室や研究組織には、研究のポリシーやアプローチの仕方に関して、「お家芸」や「学風」と言われるようなものがあり、それらに沿った知識や技術、ノウハウ、等が蓄積されていることが多いものです。これも、自分の研究開発を優位に進める条件の一つです。しかし、それだけに頼っていたのでは、新たな研究の展開は望めません。なぜなら、研究環境というものは、研究を通して、絶えず創造していなければならないものだからです。

いろいろな研究アプローチ

目的が同じ研究であっても、そのアプローチの仕方は千差万別です。いま、ある目的を達成するために、越えなければならないある障壁があったとしましょう。そのとき、その障壁を真正面から越えるための方法や手段を積み上げていくやり方、その障壁を迂回する道を探し出すやり方、あるいは、その障壁に穴を開け、障壁を障壁でなくするやり方などがあります。

例えば、高精度の腕時計を開発しようとする場合を考えましょう。温度変化や腕の動き等に極力影響を受けないような、小型のバネや振動子等の材料・部品、振動機構、組み立て技術、等を開発しようとするのが第1のやり方です。第2のやり方は、時計自体の精度を上げるのではなく、腕時計サイズの電波時計(*1)を開発しようとするのがそれに相当します。第3のやり方は、スマートフォン等を開発し、普及させて、腕時計自体が不要な社会にしていく、というようなやり方です。第4のやり方として、人に気付かれさえしなければよい、というのもあります。捏造や詐欺は、実際に目的を達成しているわけではないので、これに相当しませんが、例えば、デジタル技術は、本来連続的な信号を、人に気付かれない範囲で、飛び飛びの値に変換し、その後の情報処理をしやすくする技術であり、これに相当します。ほかに、相手に気付かれないほど高速に、相手の手の動きを読み取る、〝後出しじゃんけん機〟のようなものもその例です。

第1のやり方は、いわゆる正攻法です。これには時間と労力がかかり、場合によっては、目的の達成は後世に委ねるということもあります。しかし、そこで開発された諸々の技術や、研究開発で得られた諸々の知見は、当該分野を着実に進展させるばかりではなく、設定された目的以外の研究分野・技術分野に応用できる場合も多いものです。第2のやり方は、当該技術の発展には寄与しませんが、新たな技術分野を開拓するものです。第3、第4のやり方は、当該分野の枠を超えて、その社会的目的や意義まで踏み込み、課題を見直すものです。これらのやり方には、それぞれに特長や意義があり、一概に優劣を付けられるわけではありません。

研究には、実験的アプローチと理論的アプローチがあります。実験的アプローチは、計測技術・観測技術を駆使し、データや試料を採取・分析して〝ものごとの真実〞にせまります。理論的アプローチは、主に数学を駆使し、現象の根底にある〝ものごとの本質〞にせまるやり方です。「機械論的自然観」に立脚した古典的科学では、実験は、主に、理論的アプローチによって見出された原理や法則を検証するためのものでした。しかしその後、科学の対象が、地球、生態系、生命、環境、等、理屈だけで全てが分かるわけではない「不確実な分野」へ拡大するとともに、計測・観測技術、情報技術の飛躍的発展にともない、実験的アプローチ、ならびに、実験・観測と理論を融合させたアプローチの重要性が増しています。本来、研究者は、実験・観測と理論の双方を行えばよいのですが、通常、実験・観測には多額の資金と技術、そして時間が、理論には高度な能力が必要です。

（＊1）放送されている標準時刻のラジオ電波を一定時間毎に受信し、時刻合わせする時計。放送波の受信機や時刻合わせ機能が必要なことから、以前は掛け時計サイズのものしかありませんでしたが、近年は、腕時計サイズのものも開発され、広く普及しています。

このため研究者は、自分の研究環境と能力に応じて、どちらかに軸足を置いて研究することが多くなっています。

このように、研究目的が同じであっても、そのアプローチの仕方は多種多様であり、それは研究者の置かれている研究環境と、研究者の個性、能力、信念、価値観によるところが多いものです。どのようなアプローチをとるべきかは、その時の状況によりますが、どのアプローチも、それぞれの特長と意義を有しています。ただし、「月に行くのに、梯子をつくる」ようなことのないような眼力を備えておくことは重要です。

進歩するものはさらに進歩する科学技術

科学技術は、進歩するものは進歩するが、進歩しないものはなかなか進歩しないという、いわば文字通り〝屋上屋を重ねる〟性質があります。その理由を述べてみましょう。これまで述べてきたように、科学とは、「科学知」として組み入れられるものを新たに創り出す営みです。そこでは、その新規性と普遍性が重要です。そのために、研究者は自らの研究環境を活かしながら、できそうな課題を設定し、取り組むことになります。現代では殆どの研究者は、大学、研究機関、企業等の何らかの研究組織に所属する「職業研究者」です。そこでは、その組織の使命や利益、あるいは、国家の施策や利益に沿った業績、特に最近では、国際的に評価される業績をあげることが求められています。そこで、多くの研究者（全てとは言いませんが）は、それらの組織の要請に沿い、かつ、

成果が論文になりそうなこと、そして、そのための研究費が獲得できそうな課題を考えることになります。(＊2)

世の中には、論文を受け付ける多くの学会、学術協会、学術雑誌があり、それらはそれぞれの価値観を有しています。したがって、そこで受理され掲載される論文は、それらの価値観に沿ったものになります。しかし、それらの価値観は、科学のあらゆる領域を網羅しているわけではありません。また、近年は、普遍性があり、学術的あるいは手法的に高度な論文が高く評価される傾向にあり、それが理屈の重視につながる一方で、ケーススタディや現実のデータ等の事実、あるいは、理屈にのらないもの、個別性の高いものを軽視することにつながっています。

研究や開発には〝はやり〟というものがあります。学協会やマスコミで話題になった研究や、企業の利益に結びついた研究には、多くの研究者が参入し、刺激し合って、その研究分野の内容も次第に洗練され、高度なものになっていきます。そして、そのような研究は、他を凌ぐ何らかの結果を出せるのであれば、その研究の意義を改めて問われることもなく、論文にもなりやすいわけです。このようにして、その分野はますます進歩することになります。そして、研究者人口も増えたその研究分野には、多くの研究費も配分されることになります。その一方では、世間の耳目にふれない

(＊2) 我が国の大学等の研究機関では、一昔前まで、目的を問わない研究費が一定程度用意されていました。しかし、現在では、そのような研究費はほとんどなく、研究を行うためには、研究助成金等の競争的資金か、企業からの資金によらざるを得なくなっています。

多くの優れた研究も地道に行われているのです。

一方、研究費を獲得するためには、研究計画が妥当であるばかりではなく、それが研究助成金の主旨あるいは企業の意向に沿ったものでなければなりません。さらに、その研究は、決められた期間内に具体的な成果をあげることが求められます。

このような状況下で、研究者の多くは、自分の所属する組織や学協会が価値を認めないこと、自分が属する学術・技術分野の進歩につながらないこと、進歩に水を差すようなこと、短期間で目に見える成果があがらないこと、国際的な評価につながらないこと、そして、自分の業績として認められないことはやらなくなります。しかし、そのような研究が、既存の学術・技術分野や価値観を超えた、新たな分野の創造や、科学技術の健全な発展につながることは、歴史の教えるところです。また、社会的課題の解決や人類の福祉の向上は、科学・科学技術が重視する新規性や普遍性さえあれば実現できるわけではありません。

現在の科学技術は、専門分化が進み、各々の分野はますます先鋭化、高度化しています。同じ学科の隣の研究室でやっていることが全く分からなかったり、学会の同じ分科会での研究発表がお互いに分からなかったりするのはごく普通です。一方、研究者は、その先端分野に関する十分な能力と知識がありさえすれば、他の分野について知らなくとも、また関心が無くとも十分にやっていけます。そして、自分の専門領域以外の事や世の中の事を知らなかったり、関心が無かったりする研究者の割合は、現代社会にあって、急速に拡大しています。

シナリオ通りには進まない研究開発

研究が計画通り進んで終了したとしたら、それはあまり良い研究ではありません。計画書では「○○…を行う」と書かれたものが、報告書では、そのまま末尾を変えて「○○…を行った」と書かれるような研究です。このような研究は、その計画が良かったように見えますが、研究が当初の計画通りに進んだということは、何かを確かめることはできたかも知れませんが、研究を行ったことによる新たな発見や展開がなく、研究対象に対する認識も展望も、研究前と何も変わっていないということだからです。

一九八〇年頃、ある、行政主導の地熱開発プロジェクトがありました。そこでは、1本の坑井（こうせい）を掘削して、透水性の良好な地層に到達し、ある地熱利用システムを実現するという計画でした。坑井を掘削していくと、予定より浅い深度で、透水性の良い地層に遭遇しました。ところが監督官庁の担当者が、計画どおりの深度まで掘削することを指示し、その透水層は、掘削の継続のために、当初の仕様に沿って、鋼管とセメントにより塞がれてしまったのです。そして、予定深度まで掘削したのですが、結局、その後、良好な透水層に遭遇することなく、多額の税金を費やしたそのプロジェクトは失敗に終わってしまいました。もし、予想していなかった透水層に遭遇した段階で計画を変更し、その解明を行っていれば、当初の目的の達成ばかりではなく、新たな地熱利用の可能性もあったのでした。行政の側からすれば、そのような計画を立てた側に落ち度があったのであり、計画を立てた科学技術者からすれば、地下のことは不明で不確実なことが多く、このようなことはよくあることでした。我が国の地熱開発の黎明期にあったこととはいえ、科学技術の内側にいた人の認識と、外側にいた人の行政判断との行き違いが、この失敗を招いたのでした。

研究開発とは無知の営みであり、小さな着想・発想と検証・実験の繰り返しです。そこでは、設定した課題の解決ばかりではなく、想定していなかった課題への直面、設定した課題自体の問い直し、例えば、課題だと思っていたことが、実は課題ではなく、その底に本質的な別の課題が隠れていた、などということもあります。研究の過程で出会った偶然が、その課題ばかりでなく、その研究分野・技術分野、あるいは関係分野の発展にとって大きなブレークスルー（突破口）をもたらした例はたくさんあります。研究ではセレンディピティ（偶然をものにする能力）が重要だと言われるゆえんです。このように、実際の研究では、研究の本筋以外の成果や、今後の研究の芽である新たな事実の発見、あるいは、新たな着想が得られることが多く、それも研究の重要な意義の一つなのです。何かの研究を始めたら、すでに次の研究も始まっていると考えるべきなのです。優秀な研究者は、よそ見をしながら研究をしているものです。新たな知見や、新たな着想が得られたら、その時点で、それらをある程度検証しておくことも重要です。なぜなら、その検証を、別の研究として最初からやり直すとなると、その実験装置の再構築や条件の再現に多くの経費と時間がかかるからです。しかしこれは、科学技術の外側にいる人にとって、研究費の目的外使用に見えるところに大きな問題があります。

研究には、このほか、すぐには目に見える成果につながらない成果、あるいは成果とは言えない重要な成果があります。「失敗」はそれにあたります。失敗は、当初の構想や設計、あるいは、想定の拙さの発見であり、科学技術は、多くの他者の失敗ならびに自己の失敗に学びながら進歩してきたと言っても過言ではありません。

「目的とするものが発見できなかった」、「このような方法では解明できなかった」ということもあります。これは、その後、他の研究者が同じことをやらなくともすむことを示すと同時に、喩えて言えば、宝がありそうな場所を、その研究によって狭めていることになります。「ここに宝がある」ということは、もちろん重要な情報ですが、「ここに宝がない」ということも重要な情報なのです。また、研究が正当に行われたとすれば、目的とした宝がないという結論を得る過程で、いろいろな知見が得られているはずです。今は宝ではないが、関連技術（例えば、鉱床探査であれば精錬技術、信号処理や数値解析であればコンピュータの演算速度やメモリ容量）の進歩により、将来、それが宝になることもあり得るのです。

「さらに分からなくなった」というのも一つの成果です。それは未知の領域の発見であるからです。やってみたら「あたりまえのことだった」、「すでに分かっていることだった」、「旧来の方法で解決できた」ということもあります。これには、論文となるような新規性はないが、この知見は、現実の問題に対してはノウハウとして極めて重要であり、実用性が高いということを意味しています。なぜなら、旧来の方法は、新しい方法に比べ、完成度も高く、適用例も豊富だからです。それで解決できるのであれば、それにこしたことはありません。また、研究過程にあっても、直面する大小の問題のほとんどは、既知の方法で解決しているものです。道元禅師は、「悟るためにはどうしたらよいか」という問いに対して、「眼横鼻直（げんのうびちょく）」すなわち、「眼は横に、鼻は縦に付いている」と答えたそうです。〃あたりまえ〃の大切さを説いたのでした。

実際の研究開発は、筋書にある研究要素だけで成り立っているわけではありません。一九九五年におきた高速増殖炉もんじゅのナトリウム漏洩事故は、その象徴的な例でした。研究を主導する研究者は、現場あるいは現物の全てを知っているわけではなく、それらは理屈だけで全て分かるものでもありません。もんじゅの事故は、管内を流れるナトリウムの温度を測定するために、管壁から挿入された温度センサーの〃さや管〃が、その段差のあるところから折れたのが原因でした。このような場所は、段差に丸みをつけて、応力の集中を防ぐのが常識なのですが、設計図ではそのようになっていなかったのです。通常、このようなことがあっても、実際にそれを製作する技術者や技術支援者が、それを修正して製作するのですが、この時はたまたま設計通りに作ってしまったのでした。

研究者が作る図面というものは、この例のように、原理自体は考えられていても、実際に製作したり、使用したりすることを考えると、多くの不都合な点があるものです。場合によっては、研究者が製作者（研究組織内の技術者・技術支援者あるいは外注先）に渡すのは、仕様やポンチ絵だけであったりすることも少なくありません。このようなとき、現場を知り、現物を知る技術者・技術支援者がそれを補って、事は成り立っているのであり、研究者はそのことを知らないことすらあります。科学技術の外側にいる人も、こういうことは知らないのではないでしょうか。

研究の現場では、未知の事態、想定外の事態に直面することが少なくありません。このようなとき、「現場の創意」というものが、それを切り抜ける大きな鍵になります。それが新たな発見を生み、新たなノウハウの獲得にもつながるのです。このとき、技術者・技術支援者の現場目線、ものに即した目線が研究者の目線を補い、両者の相乗効果によって研究がうまくいくことが少なくありません。理屈とは違い、現場目線や、ものに即した目線は、技（わざ）と同様、人についたものです。優れた研究は、若い研究者を育てるとともに、このような目線や技をもつ人材を育て、また、それらを伝承させるという重要な役割も果たしているのです。

利用される科学技術

科学技術の社会的利用と成果主義・効率主義の弊害

科学技術の成果は、第2次科学革命以来、社会にとって有用なものとして、鉱工業、農林水産業、社会インフラ整備、医療、政治、経済、軍事、そして犯罪にも利用され、科学技術もまた、時代時代の社会の影響を強く受けて進歩・発展してきました。そして、科学技術が社会の隅々まで浸透した現代にあっては、科学技術への期待と要請はますます強くなっています。

しかし、上に述べたように、研究の成果には、成果として見えるもののほかに、将来の研究の進展の素地や基盤をつくるもの、研究の底辺を拡げるもの、将来の関係技術の発展によって日の目を見るもの、その研究期間はおろか、その研究者の死後になって、優れた成果として認められるものまであります。研究の成果主義、効率主義を主張する、科学技術の外側にいる人は、このような、研究の重要な側面を知らないか軽視していることが多いのではないでしょうか。

科学技術の成果は、それまでの成果を基盤にして生れるものです。社会や組織が、目に見える成果、社会にすぐに役立つ成果だけを求め、将来の成果の基盤作りを省みないことは、将来のその分野の先細りや空洞化を招くばかりでなく、科学技術全体の健全な進歩を歪めることになってしまうのです。

科学技術に対する過剰な期待

世間の、科学技術に対する過剰な期待も、諸々の問題を引き起こします。一般に、大学等の研究室で開発された先進技術が実用化されるには、広いU字型の試練の谷を越えなければならないと言われています。すなわち、その技術が実用化されるためには、さらに、その製造・量産技術、製造設備、資材・原料の調達、資金調達、販売コスト、製造コスト、他技術との競争力、販売見通し、等々多くの問題を克服しなければならず、それらを乗り越えられるものは数が非常に限られてしまうのです。そのためこの谷は「死の谷」と呼ばれています。さらに、その技術が「死の谷」を越え実用化されたとしても、それが社会に受入れられるかどうか、また、社会や環境にどのような影響を与え、人類の福祉にとって有益かどうかは別問題です。先進技術は、完成度が乏しく使用実績も無いため、いろいろな問題を引き起こす可能性もあります。場合によっては、水俣病やカネミ油症事件のように、その有害性が確認されるのに、長年にわたる疫学調査や痛ましい事故を経なければならない場合もあるのです。

世間が科学技術に対して過剰な期待をする一方で、技術開発をしている側が、この「死の谷」の存在や、その技術が社会実装されたときに起こり得る諸々のリスクを認識していない場合も少なくありません。現代社会にあって、科学技術者は、社会や所属組織から社会貢献を強く求められています。「死の谷」の存在や社会的リスクを認識しない科学技術者や組織が、同じくこれらを認識していない世間に対して、自らの成果を自らの実績のためにアピールすれば、さらなる問題を引き起こします。例えば、このたびの震災では、〝先進技術による復興〟の名の下に研究費を獲得し、実績の乏しい新技術を被災地に持ち込んで、地域の期待とは裏腹に、初歩的な社会実装実験だけで研究期間を終了する例が多々見られました。社会にあっては、いたずらに将来の技術開発に期待をかけてはいけないと同時に、研究者にあっては、資金獲得や名声、あるいは実績稼ぎのために、無責任に新しい技術を世に売り込むようなことがあってはならないのです。

科学技術の可能性の利用

社会が利用するのは、科学技術の成果そのものだけではありません。その一つは、経営戦略、投資対象、資金獲得・予算獲得、等のための、科学技術開発の〝可能性〟の利用です。そこでは、本来の科学・科学技術的合理性や価値観とは異なった、科学技術の外側の価値観が支配しています。例えば、世の関心や世相を背景に、一時的ではあっても脚光を浴びそうな研究開発、市場性の高いもの、リスクは大きくとも可能性の大きなもの、夢のあるもの、等は、経営戦略や投資対象として、さらには、資金獲得・予算獲得のために有用です。また、現段階では具体的な成果がなくとも、技術や時代の先取りをする可能性のある分野の研究開発は、今や企業の経営戦略にとって重要であり、それらに関する特許等の知的財産権の獲得競争が激しさを増しています。一方、世の関心の喚起にはマスコミが重要な役割を果たしているのですが、マスコミの報道にあっては、科学的価値や社会的価値もさることながら、目新しいもの、社会的反響が期待できるもの、わかり易いもの等、記事になるものとしての価値判断がさらに加わります。このような世の流れが、科学技術政策や研究予算に大きく影響しているのが我が国の現状なのです。そして科学技術者自身も、自らの科学技術的価値観をよそに、一部これらに迎合して、研究のための予算獲得ではなく、予算獲得のための研究や組織運営に終始する等、現代の科学技術を迷走させる原因をつくっていることも否めません。

新しい技術の開発は人々に夢を与え、時には投資を募るのにも有効です。しかし、それが実用化され、社会で問題無く機能するまでには長い道のりが必要であり、技術革新を前提とした社会シナリオには多くの困難とリスクが潜んでいることに、科学技術の外側にいる人々は細心の注意を払う必要があるのです。

科学技術者の有識者としての利用

社会はいろいろな場面で有識者の存在を必要とします。かつては、それは霊能者や宗教家、あるいは長老でしたが、現代社会においては、多くは、当該課題に近い研究分野の科学技術者が、いろいろな委員会や会議等における学識経験者や専門家として、その任にあたっています。そこでは、事業の方向性や妥当性について、高い見識と専門的見地から助言を行うとともに、いわば「お墨付き」を与えることも期待されます。

ところが、ここでも科学技術の外側にいる人々の、科学技術・科学技術者に対する古典的理解と、現実の科学技術・科学技術者との乖離がいろいろな問題を引き起こします。すなわち、科学技術の外側にいる人々は、自ら受けた〝分かったことを教える科学技術教育〟の影響もあって、科学技術者は、その分野のことは〝何でも分かる〟と思いがちです。科学技術が社会の特定の場所にしか進出していなかった「第1コーナー」の頃までは、その分野の科学技術者は、その科学技術に対して総合的な知識を有し、〝何でも分かる〟と言っても、あながち間違いではありませんでした。また、当時の科学技術者には、文化人、知識人と呼ばれるにふさわしい、広範で高い見識をもっている人も少なくありませんでした。しかし、現代社会にあっては、科学技術は専門分化、高度化、先鋭化し、科学技術者は、その狭い領域のことしか知らないことが多いのです。一方、社会が直面している問題は、既存の科学技術の範囲にとどまらず、科学技術と、社会、人間、あるいは自然との複雑な相互作用に係る〝不確実な問題〟、あるいは、個々の地域や社会の〝個別的な問題〟であることが多いのです。このような問題では、専門家といえども、一般論は言うことができても、社会が求めがちな確定的なことは言うことはできません。また、専門外の人々にとっては、専門家の発言が、専門的見識に基づいたものであるのか、あるいは、いわゆる〝素人発言〟であるのかの区別は難しいのです。

会議において、専門家は、事業者や事務局が提出した事案について、いろいろな質問をしたり間違いを指摘したりします。このやりとりを通して、専門外の人々は、何がわかり、何が分からないか、また、何が問題かの、おおよその認識を持つことができます。ところが、ここに大きな落とし穴があることを知らない人が多いものです。すなわち、専門家は、普通、回答者が答えられるはずもないことは質問しないのです。専門家は、学会等の仲間内の議論に慣れています。そこでは、現状の科学技術で分かることと、分からないことの共通認識があるため、そのような〝分かりきった〟ことは議論しないものなのです。会議において、専門家が疑義をとなえなかったこと、話題にならなかったことの中には、〝問題がないこと〟のほかに、資料の提出者はおろか〝誰も分からないこと〟が含まれ、それが時には、社会的に大きな問題を引き起こす可能性をはらんでいることも有り得るのです。会議に専門家を入れれば〝こと足れり〟ということではないのです。

科学技術に対する認識のギャップの悪用

以上のように、科学技術に対する内外の認識のギャップと行き違いが、いろいろな問題を起こしている一方で、そのギャップと行き違いを知った上で、その事を悪用しているのも現実の社会です。そのギャップと行き違いは、その場の議論に勝つため、他人を説き伏せるため、あるいは、自らを正当化するために悪用されます。もとより、科学的議論はその場限りのものではなく、また、議論に勝った方が正しいとは限りません。数十年後に結論が覆されることも有り得るのが科学なのです。

人々は、小学校から高校、大学まで、科学技術教育を受けており、少数の例外を除けば、誰でも、難しい科学の授業で悩んだ経験があるものです。そこで習った基礎的内容のはるかに先の、「科学的」議論では、人々は、専門的で難解な説明を前にして、謙虚になりがちです。また、その難解な説明を無批判に学習して終わることも多いものです。このような人々に対して、本章の冒頭に述べたような論理が用いられます。すなわち、「科学的である」＝「正しい」、「科学的データが無い、科学的根拠がない」＝「その事実は無い」、「科学的に証明されていない」＝「間違いである」、「ほとんどの科学者が否定的である」＝「正しくない」、「科学的に説明できる」＝「解明されている」、「確率が低い、頻度が低い」＝「起きない、起きても軽微である」、等の論理です。カタカナ語や外国語にされると、分かったような気になるのと同様に、これらの論理の前に、人々は、その説明を分かったような気になってしまうのです。

依頼者に都合のよい結論を導き出そうとする、いわゆる「御用委員会」なども悪用の一例です。そこでは、専門的で難解な議論により、一般の人々を煙にまき、科学的に検討を行ったことをもって、正しい結論を導いたことにされてしまいます。

科学技術が専門分化・先鋭化していることも悪用の種になります。例えば、情報過多な現代社会にあって、自らに都合のよい専門的情報だけを並べて、「科学的」に正当化することも行われます。「科学は、あらゆる可能性を排除しない」ということも、悪用されます。すなわち、科学技術に関わる、ある過失責任の追求に対して、考えられる他の原因やそれに関する論文・資料を持ち出し、議論や責任をうやむやにする、等のやり方です。

これらの悪用には、これまで科学技術が引き起こしてきた数々の災禍と同様に、多くの場合、科学技術者あるいは科学技術の高等教育を受けた人間が加担するか利用されています。では、真理の探究を第一義とするはずの科学技術者が、なぜ、そのようなことを行ってしまうのでしょうか。このことを考えるには、科学技術に関わる人間の内側まで踏み込まなければなりません。次章では、科学技術者とはどのような人達なのかを述べてみたいと思います。

3. 科学技術を担う人々

科学技術者は、これまで、人類の叡知の創造と福祉の向上、そして生活の利便性と生産性の向上に大きく貢献してきました。その一方で、科学技術者は、科学技術に関わる数々の災禍と不祥事に、直接・間接に加担し、あるいは利用されてきたのも事実です。では、この科学技術者というのはどのような人々なのでしょうか。

私は一九七〇年から四十数年間にわたり、東北大学工学部ならびに大学院工学研究科、そして環境科学研究科において、教育や指導等を行ってきました。本章では、それらを通して得られた経験や理解をもとに、我が国の科学技術者、とりわけ大学工学部を志願し、卒業・修了して、現在、科学技術を担う人材として社会で活動している人々が、どのような教育を受け、どのような性向を持った人間なのか、また、どのような過ちを犯しがちなのかについて述べてみたいと思います。なぜなら、このことが、本書の主題である、現代の科学技術の内側と外側にいる人々の、科学技術に対する認識のギャップと、ギャップが故に生じる諸問題について考える一助になると思うからです。

もとより、人間像とは、工学に携わる人々に限定したとしても、人によって、あるいは携わっている分野や組織によっても千差万別であり、単純に言い表せるものでは到底ありません。従って、これから述べることは、〝科学技術者にはこういう一面もある〟、あるいは、〝こういう傾向もある〟という程度に読んで頂ければと思います。

工学部志望の人材と受けた教育

工学部志望の人材

大学工学部に入ってくる学生の多くは、理数系教科、特に、物理、化学、数学が好きで、また、得意です。これらの教科のもつ、明快な論理や法則あるいは数学的記述に魅せられ、さらに難しい内容を理解し、問題を解けるようになりたいという、向上意欲や探究心が旺盛な学生がたくさんいます。

前章までに述べてきたように、我が国の科学技術教育は〝分かったこと〟の教育であり、その教育成果は正答のある試験問題により試されます。したがって、教えられたことを十分に理解し、それを使いこなすことができれば、試験において明確に正答にたどり着くことができます。これはパズル解きと同様であり、多くの学生はパズル好きでもあります。この〝分かるもの〟、〝分かったもの〟好きの人間は、反面、理屈で分からないもの、不条理なもの、非論理的なものは好まない傾向にあります。そのため、人間、社会、歴史、宗教等に疎い学生も少なくありません。このような人間は、科学技術の創り上げた〝人工物〟が大好きです。自動車、航空機、コンピュータ、人工知能、ロボット、橋や建物等の構造物、等です。それらの人工物自体には何の不条理もありません。そして、それらの技術によって、何かをつくり上げ、何かを達成したいという夢を持って大学に入ってくる学生もたくさんいます。この夢は、未来指向で楽天的であり、多くの場合、科学技術の持つ負の側面を考えることはしていません。入学後に、科学技術の負の側面を説こうものなら、それに反発するらします。これには、自分が選択し、受験競争を通して勝ち取った、夢のある進路を否定されたくないという心理も働いているのでしょうか。

ある限定された条件や空間の世界に没頭しがちな学生もいます。いわゆる〝オタク〟です。これは、あることに対する探究心が深いことの現れであり、科学技術者として決して悪いことではありません。しかしその一方で、工学部の学生には、明るく、社会性のある人間が多く、変わり者は少ないと言えます。

〝就職に有利だから〟ということを、主な理由あるいは理由の一つとして入って来た学生も多くいます。確かに、科学技術創造立国を標榜する我が国の社会は、一九七〇年前後の高度経済成長期は言うに及ばず、現代にあっても、理工系の多くの人材を必要としています。現に、実社会で働いている多くの理工系大学の卒業・修了生を見て、科学技術を習得することは、社会で生きていくために有利であると思うのは当然です。しかし、自己の科学技術の習得はさておき、学歴や学位の取得そのものを目的化する学生が少なからずいることも確かで、このことが、後に述べる研究不祥事の一因にもなっています。

いろいろな選択肢があるなかで、自分の成績で行けそうなところのうち、最も難易度の高い進路を機械的に選択して、あるいはそのことを重要視してたどり着いたという学生も少なくありません。昔は研究室選びのとき、特定の研究室に学生が集中すると、学生どうし話し合って決めさせ、学生もそれを望んでいたものでした。しかし近年では、話し合いではなく、成績で機械的に決めてくれという学生も増えています。

大学における専門教育

大学工学部に入学した学生は、科学技術のプロとしての素養を身につけるための一連の教育を受けます。すなわち、各専門分野の知的体系とその手法、論理的思考と表現方法、問題へのアプローチの仕方、等についての講義や演習です。これらは、ただ知っていればよい、理解していればよい、というわけではなく、自らがそれらを具体的に用いることができなければなりません。そのためには、自らの頭と手を使う演習は重要です。私は、専門科目の講義の冒頭で、学生に対して、「入学直後に行う『一般教養教育、general education』の『general』は〝司令官〟という意味があって、それはいわば『帝王学』だ。それに対して『専門教育』は、自ら手に職を付ける『徒弟学』だ」、と言っていたものです。専門科目で習うことの多くは〝積み重ね〟になっていて、前の段階のことが身についていなければ、次の段階のことを理解すらできません。しかも、前の段階のことを〝考えて分かる程度〟ではだめなのです。今や、科学技術は社会のあらゆる分野に及び、さらに、その科学技術自体も、単独の専門分野ではなく、いろいろな専門分野の複合体となっています。このため、各専門分野の基礎から、これら実践分野の入り口付近まで道筋をつけるだけで、カリキュラムは膨大になり、多くの学生は、これだけで四苦八苦です。

二十年も前のことです。世界の大学の科学技術教育について調査していくなかで、当時の英国ケンブリッジ大学の講義科目数が、我が国の大学に比べて格段に少ないことに気付きました。当時共同研究をしていたケンブリッジ大学出身の研究者に、「お前の出た大学は、あれしか教えていないのか」と言ったところ、彼はしばし黙考した後、「ケンブリッジ大学は、教えられていないことを理解し、考えることができる能力を養っている」と言って、ニヤリとしました。何しろ小学校の頃から、「学校に遅刻して先生に注意されたら、すぐ謝らないで、言い訳をしなさい」と教えられる国柄です。ちなみに、彼が一流の研究者であったことは言うまでもありません。我が国の大学で、学生が学ばなければならない科目の多さに問題を感じていた私にとって、考えさせられる答えでした。

それでも、科学技術のプロとなるためには、既存の知的体系の習得だけでは不十分です。前章で述べたように、科学・科学技術は、未知の世界に踏み出す無知の営みです。そこでは自らが、社会、自然界、あるいは、それぞれの専門分野において、自分なりに問題を発見するとともに、それを科学的課題として具体化し、それを解決できるようにならなければなりません。それは、大学の各研究室における、卒業研究、修士研究、博士研究で養われます。それまでに習った専門知識や方法・技術を、試験問題を解くためではなく、自分なりに使えるようになるのは容易ではありません。私は、私の研究室における教育目標を、学部では、「この課題をこのような手法でやれ、と言われたとき、その手法を自分で勉強し、その課題を解決できるようになること」、修士課程では、「この課題をやれ、と言われたとき、そのための手法を自分で調べ、考えて、その課題を解決できるようになること」、博士課程では、「自分で課題を考え、あるいは見出して、それを解決できるようになること」、と設定して、学生に示していました。このようにして、自分の研究に取り組んだ学生の、学力的、人間的成長には、目を見張るものがありました。

この、大学の研究室における研究指導の内容とやり方は、同じ工学系であっても、大学ごと、専門分野ごと、研究室ごとに大きく異なっています。卒業研究をほとんどやらないところもあれば、学生実験程度のことを数人の学生に共同で取り組ませるところ、研究室の研究の一部、例えば、一部の実験や調査だけをやらせるところ、学生個人の研究として徹底して取り組ませ、論文のまとめ方や発表の仕方まで細かく指導するところまであります。また、課題の設定を含め全て学生にやらせ、その結果だけを評価するところもあります。

文系では、大学院入試の際、受験生に研究構想や研究計画書を提出させ、それを評価します。しかし、工学系では少なくとも修士課程までは、多くは、指導教員が研究室に入ってきた学生に、その希望や資質も勘案しながら研究テーマを与えます。工学の分野では、その巨大な知識体系・技術体系の中で、世界中の多くの研究者が複雑に入り乱れて研究を繰り広げています。そのような中にあって、やろうとする研究が、学術的・社会的意義があるかどうかもさることながら、すでに他人がやり終えたことではないこと、成果が得られる可能性があるか、自分達がそれを遂行できるかどうかまで判断しなければなりません。さらに、工学の研究・開発では、「何をやればよいか」ということ以上に、それを「どうやればよいか」、すなわち、そこで用いる方法や技術、あるいはアプローチの仕方が問題になる場合が多く、そのことに時間と労力の大半が費やされます。このとき、前章で述べたように、研究環境、すなわち、研究室の持つ研究実績、装置、データ、技術、ノウハウ、ネットワーク、あるいは、人的資源を活かすことが有効です。研究室に足を踏み入れたばかりの学生に、これらのことを全て考えさせ、限られた年限の中で、一定の成果をあげさせるには無理があります。このようなことから、指導教員は学生に研究テーマを与えるわけです。(＊1)

研究テーマを与えるにあたっては、その教育的効果も重要です。大学の教育課程における研究にあっては、研究成果をあげること以上に、それを通してそれぞれの学生が、科学技術者として、そして人間として成長するものでなければなりません。そのためには、それぞれの学生が、その研究に興味と意欲を持ち、それぞれの個性と感性を発揮して、一定の努力と修練のあかつきには、それぞれの学生なりに得るものがなければならないのです。

(＊1)　研究室に関連実績のないテーマをやらせると、大概の学生は潰れてしまいます。研究室で以前からやっているテーマであれば、身近にある論文や資料、あるいは装置について勉強するだけで、あるレベルの研究ができるのに対して、新しいテーマの場合、自分で関係資料や論文を調査し、また、他の研究室の門を叩く等して、基礎的なところから始めなければならないからです。しかし稀に、そのようなことを自分から進んでやる学生がいます。そのような学生は後に研究者として大成しています。

スキル教育の問題点

これまで述べてきたように、科学・科学技術の成果の蓄積である科学知は、人や国、民族等によらない、客観的・普遍的なものです。一方、科学・科学技術の営みである研究・開発は、極めて主観的、人間的なものであり、研究者の学力ばかりではなく、その人の個性や感性、創意、さらには人間性や倫理観も研究過程や成果に影響を及ぼすものです。

産業界における教育・研究機能が縮小している現在、大学において、〝グローバル経済時代に対応できる即戦力〟を養うことの社会的要請が強くなっており、「教育によって、具体的に何をどの程度できるようにするか」という〝スキル教育〟に、過度に重点が置かれる傾向にあります。私はこのことに強い危惧を持っています。なぜなら、これは、パソコンに、あるソフトウェアをインストールし、そのインストールされたソフトウェアの機能が、どれだけ完全に動作するか、だけを問題にしているようなものだからです。自分と関係のない人が考え、インストールされた、ソフトウェアの機能の6割が動けば、一応合格です。このとき、インストールされるパソコン、つまり、教育を受ける人間のことは、どうでもよい。どのパソコン（人）でも同じ動作をすべきであり、パソコン（人）によって、動きが違ってはいけないのです。このようにして教育された人間は、確かに、マニュアル通りの仕事をこなし、組織にとって、代替可能な歯車として、即戦力になるかも知れません。しかし、当人は、自分の個性や才能を十分発揮することができないばかりか、想定されていない事態や、未知の事象に遭遇したとき、自らの頭で考えて自分なりに行動することができません。

このようなとき、実践的スキルを離れ、自分なりに「どこまで原理・原則に戻れるか」が重要なのです。そのことが、問題の抜本的解決や技術革新、あるいは新しい研究領域・技術領域の創成につながるのですが、〝即戦力の養成〟だけでは、そのような人間は育たないのです。

科学技術を担う人々

割り切れた世界

工学系の大学等の卒業生・修了生の多くは、科学技術者として、研究機関や産業界において、人工物・人工システムの研究・開発あるいはそれに関わる業務に携わり、社会を支えています。科学・科学技術は、諸々の事象をモデル化、法則化し、さらにそれらを基に、人類にとって有用な人工物・人工システムを創りあげてきました。それらの人工物・人工システムは、出来上がってしまえば、想定された条件下では自己矛盾の無い合理性を持ったものとして機能します。明快な論理や法則によって説明できる人工物・人工システムの世界は、矛盾や不条理、あるいは不可解なことの多い現実の社会や人間のこころ、あるいは自然界、等に比べ、工学を専門として学んだ人間にとって居心地のよい、割り切れた世界です。このような世界に没頭する人間の中には、自分のやっていることと社会との接点などないと思っている人や、世の中は、合理性が全て、理屈が全てと思っている人も少なからずいます。また、職業柄、客観性、普遍性、新規性を追い求める傾向にあります。ある一般の人が、工学を専門とする人と雑談する中で、「私はこう思った」と言ったら、「そう思った根拠は何か」と問い詰められ、その人は「根拠がなければ、思ってはいけないのか」と、あきれたそうです。また、目新しい話でないと耳を貸さない人もいます。

人工物・人工システムの世界には、頭が良いために、物事を自分の頭の中で自分なりに醸成させなくとも理解し、また話すことができる人間がたくさんいます。彼らの中には、自分の考えや理解、物事の背景や行間には無頓着に、表された言葉や数字、記号から機械的に答を探そうとしがちな人間、あるいは、正答のある試験問題を解くことだけが得意な「学校秀才」もいます。

科学技術教育の議論のなかで、よく、〝問題発見能力〟が大切であると言われますが、その議論をよく聞いていると、それは、〝問題発見能力〟ではなく、〝問題集発見能力〟のことを言っている場合が多いことが分かります。例えば、「問題発見能力とは、ある目標へ到達するための登り口を発見することだ」などです。課題を与えられ、あるいは他人もやっている課題について、解決策を見出し、成果を上げてきた人間にとっては、それは〝問題発見〟に見えるかも知れませんが、本当の〝問題発見〟とは、そうではなく、誰もそれが問題だと思っていないことを、問題であると発見することです。〝問題集発見能力〟であれば、〝スキル〟ですむかも知れませんが、〝問題発見能力〟は、自分なりに養わなければならないものなのです。

建設的で社会性のある人間

工学系の科学技術者には、建設的で社会性のある人間が多いと言えます。これは、工学というものが、ある意味で〝団体競技〟であるからです。現代社会にあって、人工システムは巨大化・複合化し、その実現や実用化、あるいは、その運用のためには、分野を超えた人々の参画と相互補間が不可欠です。そこでは、自分の立場、持ち場をわきまえ、チームの一員として建設的に行動できなければなりません。また、科学の成立以前から、人工物・人工システムが作られ、用いられてきたように、理屈や真理が解明されていなくとも、現実を肯定し、分からないなりに物を作り上げるという柔軟性も併せ持つ必要があります。私が学生のとき、ある事をしきりに考えていたら、先生から、「お前は人生がわからないと飯を喰わないのか」と怒られたことがありました。また、それとは反対に、後年ある委員会の席上、理学分野を専門とする委員が、会議の目的や議事進行に構うことなく、自分が関心のある事について執拗に質問し、議論するのに困惑したこともありました。理学分野では、どちらかというと一匹狼的な研究者が多く、学会でも、自分が優秀な研究者であることをアピールしたり、また討論も、他の研究者と論戦的であったりするのに対して、工学系の研究者は概ね協調的であり、仲間を探しているようなところもあります。

この建設的で社会性のある人間は、全体に対する批判力に乏しく、巨大なものの一歯車になりやすい一面も持っています。まわりの雰囲気から物事を判断したり、真理よりも、そこにあるものの中から最適解を探したりするような人間です。また、自分の持ち場を自ら限定し、全体に対しては無批判に自分の持ち場に徹し、結果的に、組織の一員としての、また、科学技術者としての社会的責任を放棄してしまう人も少なくありません。

未来指向で楽天的

工学系の人間は、一般に、科学技術に夢を持ち、未来指向で楽天的あり、また、現実にも肯定的です。そして、科学技術や社会の負の側面をあまり考えない傾向があります。これは、文系、特に社会科学系の研究者が、今ある社会や人間の問題を批判的に掘り下げようとするのと対照的です。そのような研究では、研究者当人の視点、視座、あるいは、その学術的位置づけが重要であり、論文や著書では、冒頭の緒論で、そのことを、論理性を持って徹底的に論じます。これに対して、工学系の研究は、多くの人がその研究にすでに取り組んでいることが多く、その意義も社会的に認知されています。そのため、「何をやるか」を考えることより、「どうやるか」に研究の労力の大半が割かれます。このことは、文系と理系の論文の緒論の長さを比べると一目瞭然です。工学系の学生や卒業生は、一般に、緒論を書くのが苦手です。ある社会科学者は、高校のとき、理系の科目を習っていて、「誰がやっても同じ答えが出るのなら、何も自分がやらなくともよいのではないか」と思い、文系への道へ進んだそうです。

理系でも文系でも、論理性が重要であることは言うまでもありません。しかし、文系の研究では、自分の視座の妥当性や、不条理・不確実な事象とそれに対する自らの考えを、論理的に組み立てなければならないのに対し、理系の研究のほとんどの論理は、数学的、機械的、客観的で、自分なりの視座は入ることなく自動的にすすめることができます。文系の研究者も、理系の研究者も、自分は論理性があると思っているのですが、ひとたび自分の専門領域を離れたこと、例えば、本書の主題である〝科学技術と社会の関わり〟に関するようなことに対しては、理系の研究者は、文系の研究者に比べ、論理性に劣っていると言わざるを得ません。また、そのことを自覚していない人も多いと思います。

このように、自分のやっていること、あるいは、自分の所属する組織がやっていることを、相対化し、自分なりに批判的に見ることができない科学技術者は、その科学技術に対する楽天性もあいまって、科学技術と社会のあり方が問題になるような場面でも、無意識に推進側に立ってしまうことになります。

専門家というもの

昨今、新聞、テレビで「専門家」という言葉を見ない日はありません。しかし、事あるごとに専門家が登場するようになったのは、せいぜいこの二十年のことです。これは世の中が高度化し、一般の人にはそれが到底理解できないため、自分で一定程度でも考えることをせずに専門家に任せるという風潮のためであると思われます。また、行政にとってもマスコミにとってもそれが免罪符であったりします。

　しかし、私自身もいろいろな委員会やテレビ等に専門家としてよばれるのですが、テレビであれば、あらかじめ用意されたディレクタの放送シナリオに沿った言葉を捉えられて、関係の無いところでこの発言を利用されたり、委員会であればあらかじめ用意された結論に都合の良い発言を期待されたりもします。そして専門家の真意が十分汲まれないまま報道されたり、事が運んだりすることが少なくありません。これは極めて危険な風潮であると言わなければならないと思います。とりわけこの度の震災では、専門家により安全と判断されたことになっている原発が大事故を起こし、専門家の適切な助言を得て作成されたとされるハザードマップのために多くの犠牲者が出てしまいました。そして、事後、それらは当然の帰結であったことが別の専門家によって指摘されているのです。

　それでは専門家とはどういう人を指すのでしょうか。私の講義中に余談として話した専門家の定義について紹介しましょう。

　まず、専門家とは「その分野の事柄について分からないとは言えない人」です。高校までの勉学では、教えられたことだけが、分からなければならないことであり、試験の出題範囲も習ったことだけに限定されます。従って、習っていないことは堂々と「分からない」と言うことができます。しかし、専門を修めた人間というものは、それを教えられようと教えられまいと、関連した基礎的な事項は分かっていなければなりませんし、分からない場合は自分の力で調べ、理解できるのでなければなりません。そういう意味で「分からないと言えない人」なのです。

他方、専門家とは「その分野の事柄について分からないと言える人」でもあります。第一線の研究とは未知の領域への挑戦、すなわち「無知」の営みです。したがって、分からないことがあるのは当然です。ただ、専門外の人と大きく異なるのは、分かっている事と分からない事の境をきちんと知っているということです。だからこそ、「それは分からない」と堂々と言えるのです。

また、専門家は「その分野の事柄について恐れない人」でもあります。よく我々は、自分の知らない用語や概念が出てくると、それがいくら単純なものであっても、そこで思考が止まってしまい、その中身をブラックボックス化してしまいます。したがって、その専門領域にまで踏み込んで物事を考えられなくなります。これに対して専門家は、自分の専門分野の用語や概念は知っているでしょうし、たとえ十分知らないことでも、それを理解し、踏み込んで考えることができるので怖くはありません。その意味で、専門家は「分からないなりに分かることができる人」でもあるのです。

もう一つ、専門家には重大な側面があります。それは「自分の専門領域以外の事は知らない人」であることとです。現在、各専門分野は細分化し、先鋭化、高度化しています。したがって、その先端分野に関する十分な能力と知識がありさえすれば、他の分野について知らなくとも、また関心が無くとも十分にやっていけます。専門分野がますます細分化し、先鋭化し、また、社会的コミュニケーションが失われている今日にあって、この自分の専門領域以外の事や世の中の事を知らなかったり、関心が無かったりする専門家がますます増えているのが現状です。今、世の中にはありとあらゆる専門家がおり、必要に応じてそれらの専門家をよんで意見を聴けば事足りると思っている人が多いのですが、実際は、個々の専門家はまばらなブラシの毛の一本一本のようなもので、その先端をつないでいけば、物事の全てが網羅されるわけではありません。毛と毛の間には、埋めることのできない、広く深い谷間があるのです。

そして、そのようにしてよばれた専門家は、時として、自分自身の専門から少しはずれたことを問われたとき、「分からないと言えない人」であるが故に、わかったような顔をして不確かな事を発言し、「その分野の事柄について恐れない人」であるが故に、専門用語を多用して人々を煙にまき、「自分の専門領域の事しか知らない人」であるが故に、自分の責任が発生しそうな場面になると、自分の専門ではないと言って逃げるのです。そして、専門家を呼んだ側は、真実や科学的事実をよそに、それらの発言を都合よく利用し、専門家は被害者であると同時に加害者にもなってしまうのです。世で思う専門家と内側から見る専門家では、これだけの隔たりがあるものです。専門家を活用する社会も、社会に利用される専門家も、そして専門家を育てる教育機関も、このようなことがないように、十分肝に銘じておくべきであると思います。

科学技術者が置かれている状況

グローバル経済、グローバル競争社会の進展により、我が国では、国際競争力の向上に資する科学技術への国家的要請が強くなっています。また科学技術分野においても経済効率が重視され、経費の効率的運用と説明責任、そして、研究・開発費に見合った具体的成果が求められるようになっています。一方、大学等の研究機関に配分され、研究機関や研究者の裁量で使える運営費が削減され、研究は、外部資金、すなわち、科学研究費補助金（科研費）や各種助成金、等の競争的資金や企業からの委託研究費、等によらなければならなくなってきています。これらの外部資金による研究の多くは、その目的や目標に沿った具体的成果をあげることを要求されます。研究機関は、その機能向上と社会貢献、社会的可視化を強く要求され、そのために、論文数、論文引用数、受賞数、特許出願数、競争的資金獲得数、報道数、公開シンポジウムの開催数、世界ランキング、等の数値指標により評価されるとともに、機関の長のリーダーシップによる管理強化によって、それらを向上させることが求められています。また、それらの評価に基づく予算の削減や重点配分も行われています。

これらの研究機関に対する社会的要求の多くは、そのまま業績評価という形で個々の研究者にふりかかります。任期付き職員や非正規雇用職員の比率が高まる中、研究者は自らのため、そして組織のために、評価対象となる業績をあげることに、否応なく腐心しなければならなくなっているのが現状です。

科学技術者をつき動かすもの

科学・科学技術者を内面からつき動かすものは何でしょうか。それは、先ず、科学・科学技術の原動力、すなわち、真理への探究心、知的好奇心、未知なものへの知的挑戦意欲です。また、不可能なことを可能にしようとする創意、夢を追求し実現する創造心と〝ものづくり〟の心です。さらに、それらに対する自己の向上心も科学・科学技術者にとっての原動力です。これらの自己実現が、人類知の構築のため、そして、社会のため、組織のため、後世のためになるであろう一定の成果につながったとき、科学・科学技術者は、何物にも代えがたい達成感に浸ることができます。また、このような志を同じくする、研究者仲間や学生との清らかな交流も大きな力となります。

一方、他人に先んじたい、頂点に立ちたいという野望や競争心、また、他人や社会に認められたいという思いも大きな原動力になります。私の知る限り、野望や競争心が強い研究者は、工学系よりも理学系に、また、欧米人に多いように思います。

職業研究者が多数を占める現代社会にあって、自らが生きぬくため、生活のため、自分の社会的位置を築き、それを向上させるため、という現実的な理由もあります。学歴、研究歴、あるいは学位を得るため、あるいは、業績をあげるため、というのもそれにあたります。大学院博士課程の入学試験の、ある社会人の志望動機に、「学位を取って、自分の言っていることに〝はく〟を付けたい」というのもありました。

出世欲、名誉欲、名声欲、自己顕示欲、金銭欲、権力欲、支配欲、等、誰しもが持つ現世欲も、本人が意識するしないにかかわらず、科学技術者を内側からつき動かします。権威、地位、名声、称号、社会的影響力、支配力、利権、利益を得るためです。これらの欲は、現実の社会にあって科学技術の進展に大きな影響を及ぼしていますが、科学技術から離れて、そのこと自体が目的化しやすく、様々な不祥事の根源にもなっています。

科学技術者の過ちと苦悩

目的化の罠

〝目的化〟は諸々の不祥事の原因となります。論文の盗用やデータの捏造は、学問のためではなく、研究業績をあげることを目的化して論文を作成しようとする姿勢から生れます。受験競争をくぐり抜けてきた人間にとって、学力試験は、自らの学力を向上させるためのものであると同時に、乗り越えるべき関門でもあります。そこでは〝合格しさえすればよい〟との〝目的化〟の心が芽生えます。確かに、入学試験や資格試験では、ルールからはずれてさえいなければ、本人の能力はさておき、合格点を取るための手段は問われませんし、一旦合格すれば、後で問い直されることもありません。大学においても、単位取得や卒業を目的化し、学科試験や学生実験、研修等のレポートが〝合格しさえすればよい〟と思っている学生は少なからずいます。特に、学生実験や研修では、〝採点者が気付かなければよい〟、〝合格とさえ言えばよい〟とばかり、データのごまかしや捏造、そして他人のレポートの丸写しが横行します。そこでは学生自身も、特に注意されない限り、罪の意識もありません。

そのような学生が研究室に配属され、研究テーマが決まって、卒業研究が始まります。そこでは、先達の足跡、多くは研究室の先輩の卒業論文や修士論文、博士論文をたどることから始まります。そして、それらの論文を微に入り細にわたって確かめていきます。このときその学生は、もし自分の卒業論文で、データをごまかし、他人の論文を丸写ししたら、後輩に必ず暴かれることになることを覚ります。そのような研究不正がなくとも、書かれた研究論文の間違いや認識不足が、後年発覚することはよくあることです。何の間違いもないどころか、優れた論文だと言われた論文でも、後世、その分野の進展により、間違いが明らかになったりもします。誰かがよいと言えばよいものではないのが、科学というものなのです。昔、ある老練教授が「論文や著書というものは、後世に恥をさらすようなものだ」と言っていたものでした。

卒業論文は、研究の練習みたいなもので、いい加減でもよい、と思っている学生もいます。そんなとき、私は、「二〇歳のゴッホの絵は二〇歳のときにしか書けないように、お前の卒業論文は一生に一度しか書けないものだ」と諭したものです。こう言うと、ほとんどの学生は分かってくれました。

しかし、そのようなことを、初学において心に刻まなかった研究者も大勢いるのが現実です。そして、真理の探究を第一義としない〝業績の目的化〟が、データ捏造などの数々の研究不正を生むことにつながります。また、例えば、投稿論文の査読結果を見て、指導者が「この論文が受理されるためには、こういう図面、こういう説明があればよい」と助言すると、そこに書いてあることが全てである試験問題に慣れ親しみ、指導者を絶対者とあがめる研究者は、その言葉づら通り、それに見合う図面と説明を付け加えます。指導者は、まさかその付け加えられた図面が、全く別の実験によるものだと思いもよりません。こうして、捏造論文が世にでることにもなります。

しかし、目的化して取得した、自分の身にそぐわない称号や地位は、たとえそれが露顕しなくとも、その人を生涯にわたり苦しめることになるものです。

〝その場の議論に勝ちさえすればよい〟というのも〝目的化〟の弊害の一例です。ある国際会議の質疑の場での話です。明快な議論で定評のある、ある教授の講演の後、実験結果の解釈に疑義を呈する質問が出ました。その時、その教授は即座に「それについては、このようなデータがあるから、その疑義はあたらない」と答え、会場は大いに納得して質疑を終了しました。その講演の後、私は、その教授の下で実際に実験を行っている学生に、そのようなデータまで取っているのかと聞いたところ、取っていないと言います。その教授は、どのようなことを言えば相手が納得するかを考え、答えたのでした。その場にいたその学生が、このことを反面教師としたのか、質疑応答はこのようにするものだと学んだかは定かではありません。

これは一般市民も対象とした公開シンポジウムでの話です。あるタレント教授の講演の後、パネルディスカッションで会場から、ある事について、「それは今後重要なことではないか」、という話が出たことがありました。するとその教授は、「それについてはすでに考えており、研究を始めているところだ」と発言し、会場はその先見性に感服したものでした。ところが、私は、その教授が、そのようなことを考えてもいなかったこと、そして、彼の研究室がそのようなことができる体勢でもないことを知っていました。その後、そのような研究成果が発表されることはなかったことは言うまでもありません。タレント教授は、その場の目的を達したのでした。

研究そのものではなく、研究費の獲得を目的化した例も後を絶ちません。競争的資金の多くは、審査の際の評価基準や採点基準が公表されています。本来、研究というものは、特定の目的研究でない限り、研究対象、研究者の能力や問題のとらえ方、アプローチの仕方、等、どれをとっても多様であり、一律の評価基準で評価できるものではありません。ところが、審査に携わっていると、申請者自身の研究の実態ではなく、評価基準や採点基準に合わせたような研究計画が増えているように感じます。これは、研究費獲得のためのトレーニングが、どの研究機関でも行われるようになったことも関係しているのではないかと思います。そのような研究計画のヒヤリングでは、フィギュアスケートのように、決められた枠内で、その評価基準や採点基準で高得点が取れるような説明が、実に要領よくなされます。採点する側としても、評価基準や採点基準に合っていれば、高得点を与えざるを得ません。しかし、そのような、絵に書いたような研究計画は、実行の段階で、諸々の齟齬をきたすことは想像に難くありません。ところが、研究費獲得のテクニックに長けた応募者は、研究の中間評価や最終評価にあたっても、合格するための最低限の成果を上手にプレゼンするものです。

昔、卒業研究発表会の前に、普段の研究態度の割に熱心に、発表に工夫を凝らして練習している学生がいたので、「研究発表で一番大切なことを教えてやろうか」と言いました。すると、その学生は真顔で「是非教えて下さい」と言います。そこで、「それは研究の中身だ」と教えてやったことがありました。国内会議であろうと、国際会議であろうと、研究の中身がしっかりしていれば、その発表がよほど下手でない限り、研究者どうし通じるものです。そのような当たり前のことを学ばずに卒業していく学生も多いのです。研究費獲得のためのプレゼンでは、専門外の審査委員が多い等、研究発表とは異なる点も多いのですが、中身が最も大切であることに変わりはありません。

研究費は、本来、研究をするために獲得するものですが、〝研究費を獲得するために研究する〟という、〝コロンブスの卵〟のようなことも行われています。〝コロンブスの卵〟は、我が国では良い意味で用いられることが多いのですが、「それはやってはいけないことだ、と暗黙の共通理解がある中で、堂々とそれを破って事を成す」という悪い意味でも用いられます。研究費の審査では、申請者がその研究の発想に至った経緯や、それまでの関連実績、目標の実現可能性、等が重視されます。このとき、申請者は、自分のこれまでの研究実績を基に申請書を書くことになります。ところが、申請書に記載の段階では、論文と違い、申請研究の根拠や発想の元となるデータ等が、学術的に妥当なものかどうかまでは問われませんし、公表されている必要もありません。このようなことから、ある研究費を獲得して研究をしている研究者が、次の研究費申請に使えそうな、審査委員に期待を抱かせるようなデータや研究材料を集めるため研究する、ということが行われるわけです。ある研究を行っていると同時に、次の研究の種を探すこと自体は正当な研究活動なのですが、それが研究費獲得のために行われるのであれば本末転倒であり、研究も空洞化してしまいます。

研究資金の罠

競争的環境にある獲物は平等に行き渡らず、少数の強者に偏るのは、競争的研究資金でも同じです。我が国では、競争的環境は維持しつつ、極端な偏在がおきないように、募集方法や審査方法に一定の工夫がなされてはいますが、その一方で、「選択と集中」の名の下で、特に大型研究資金については、それを一度獲得すると、その実績により、次の大型研究資金も取りやすくなる仕組みになっています。このため、特定の研究室に研究資金が集中することになります。研究室に毎年配分される運営費の数十倍から数百倍に及ぶこれらの資金は、当該分野の研究の推進に寄与することになりますが、様々なトラブルの源にもなります。

研究室のスタッフは、ボスが獲得してきた大型の研究資金によって、自分が分担する研究ばかりでなく、研究計画全体のマネージメント、物品の発注、経費のやり繰り、経理事務手続き、各種書類の作成、等々で多忙を極め、自らの発想に基づく研究模索や自身の資質の向上にあてる時間的・身心的余裕もなくなることが多々あります。加えて、科学・科学技術の研究では、当初想定していなかった状況に遭遇するのは日常茶飯事ですし、そこで用いられる先端機器も、思わぬトラブルや性能不足にみまわれることもあります。

このため、当初想定していなかった経費や余剰金が発生し、それらは研究費が大きいほど多額になります。これらの経費の過不足は、しかるべき手続きをすれば、ある程度対応は可能なのですが、その手続きの煩雑さもあって、出入り業者に対する未払い金や預け入れ金、等の安易な不正経理に手を染めることにもなりかねません。研究室のボスは、自分の研究室の状況を踏まえ、場合によっては「研究費を獲得しない」という〝英断〟も必要なのですが、当該研究分野の進展もさることながら、研究費獲得という業績のため、そして、自身の名声欲、支配欲、権力欲も相俟って、なかなかそういうことにはならないものです。

大型の研究資金は、ある研究分野の権威者にわたることが多いのも事実です。その権威者は、国内各研究機関のその分野の研究者を研究分担者として加え、その研究資金を配分します。そして、研究資金の獲得を繰り返すうちに、研究資金でつながった当該分野の巨大組織が構築されていきます。ときには、これは学協会ぐるみで行われたりもします。それによって、その分野の研究は大いに発展することになるのですが、ひとたび研究不正等の問題が発生したとき、その分野の専門家集団としての自浄作用が妨げられることにもつながります。その一方で、同等に重要な研究でありながら、研究資金に恵まれない他分野の研究者がたくさんいるのです。

大型の研究資金による研究プロジェクトは、それらの報告書を見る限り、殆どが成功裏に終了したことになっています。そして、その成果を基に、さらなる進歩を目指した研究計画により研究資金を獲得して、屋上屋を重ねた次のプロジェクトが始まります。こうして、成功を積み重ねた研究は、ますます先鋭化し、時には研究の実態から乖離して空洞化していきます。研究機関の概算要求でも同様です。要求を通すために考えられた、先鋭化し、そして、限られた人にしか分からないような名称の、研究組織や研究施設が、こうして増えていくことになるわけです。

競争的資金は、獲得したからには自分のものだと誤解する人間も多くいます。そしてそれが、資金の不適切使用や不適切人事等の不祥事の原因の一つとなっています。確かに、獲得した競争的資金の使用責任や説明責任は研究代表者にあり、その資金の使途は、特別なルール違反でもない限り、多くはその裁量に任せられます。また、人の雇用に関しても、組織の人事委員会等を経ないことも多々あります。周囲からの目の届かない中で、研究代表者の中には、意のままの人事や、社会通念を越えた経費の支出に走ったり、老練な退職事務職員を高給で雇用し、ルールに触れたり、露顕したりしないギリギリの不正経理を繰り返す人間まで現れます。さらに、不適切な人事で採用した人間に対して、己の任命責任を棚に上げて、研究計画書に記載した研究目標の達成のため、パワハラ（パワー・ハラスメント）を繰り返すことにもなります。これら、金銭欲、権力欲、支配欲に毒された人間は、その研究資金が国民の税金であり、科学技術者に付託されたものであるという、最も簡単なことを忘れているのです。

研究資金が多額なことを自負する人間もいます。確かに、多額な研究資金を獲得できたことは業績になります。一九八〇年代に、ある大学の研究スタッフが、ある政府の外郭団体の研究所を訪ねたときのことでした。当時は、どの大学も研究予算の乏しさにあえいでいた時代でした。酒の席ではありましたが、その研究所の所長は、そこで行われている研究所のプロジェクト資金が、大学よりも2桁も3桁も多いことを、半ば睥睨（へいげい）しながら力説していたそうです。しかし、大切なのは、研究資金そのものではなく、それがどのように用いられ、どのように活かされたかです。当時の大学の同分野の研究者は、その研究所以上に研究成果をあげていたのでした。自分の給料が高いが故に自分が偉いと勘違いしている人間がいるように、研究資金が多額な故に優れた研究だと思っている人間も多いものです。本来、自分の給料が高ければ高いほど、また、自分の研究資金が多額であればあるほど責任を感じ、謙虚にならなければならないのです。

　社会的要請、重点化施策、復興や地域振興、等のため、政策的に研究組織、研究施設、研究費、等がトップダウンで予算化される場合があります。競争的資金によるボトムアップ的研究では、その基になる研究の実体が存在するのに対し、トップダウンで実現した予算では、実行に足る十分な研究実体がない場合が多くあります。科学技術の外側にいる政治家や行政官が発案し、同じく外側にいる研究機関の事務方が獲得した予算は、その目的や目標が明確ではあっても、研究計画は曖昧で、その実行段階で様々な齟齬をきたしやすいものです。また、そのような予算は、通常、執行できる年度が限られており、十分な準備期間もないものです。予算を獲得した研究機関側は、予算が下りたという理由だけでその是非を科学技術的に十分吟味することなく正当化し、急遽、研究代表者の選任をはじめとする研究体制の整備、さらに各種研究設備、建屋等の発注を開始することになります。

政策的に実現されたこのような研究は、社会的要請が強い反面、それに当てはまる既存の専門分野がないことが多々あります。このため、研究に携わる人材を集めようとしても、既存の分野で活躍している、あるいは活躍を目指している研究者は加わろうとしないため、その獲得にも苦労することになります。研究責任者には、関連分野で経験豊富な、定年前後のシニア教授、あるいは、そのような産業界からの人材をあてることもあります。一方、具体的に研究を遂行するスタッフは、業績や資質を十分に吟味されることなく、無理に集められることにもなりかねず、こうして、自ら研究に実際に携わることのない責任者と、研究スタッフとの間に、パワハラの構図が形作られていくことになります。適当な人材が集まらず、研究機関内に当該研究の基となる成果も人的資源もない場合、研究計画の殆どを関連企業に丸投げするということも起こり得ます。そして研究期間が終了すると、新たな研究成果はなく、既存技術が並んでいるだけという、研究予算の無駄遣いが行われることにもなります。

鳴り物入りで開始されたこれらの計画には、その成果をあてに研究に参加したり、研究投資したりする企業も出てくる場合もあります。また、そのような企業を、研究機関が積極的に勧誘する場合もあります。ここでも、「死の谷」の手前の実直な基礎研究に慣れた、科学技術の内側にいる研究者の、研究成果に対する認識と、実用化・製品化を期待して参加した、科学技術の外側にいる人々の認識とのずれによるトラブルが発生する素地があり、場合によっては訴訟問題にまで発展することになります。

予算期間が終了した後にも問題が起こり得ます。通常、大がかりな研究設備を運用するためには、適切な維持管理とノウハウの蓄積が必要です。しかし、期間終了後は、その運用、維持管理に要する人員と経費の予算措置はないため、研究機関はその経費の捻出に頭を痛めることになります。

研究費や予算というものは、申請の段階で、研究者の実態や提案内容を完全に理解してもらうことは不可能であり、この意味で、大なり小なり、だまし取ってくるようなところがあるものです。そうではあっても、得られた研究資金は、科学技術的に適切に、かつ清らかに使うべきものです。いやしくも、高邁な話で獲得し、低俗に使うようなことはあってはならないのです。

地位と組織の罠

四十年も前のことでした。ある分野の世界的権威である教授が、研究室の学生が取った最新の実験結果をある国際会議で発表しました。その結果は、当時の常識を覆すもので、会議の開催期間中ずっと話題になっていたそうです。ところが、帰国後研究室に戻ったら、インターネットなどない時代です、くだんの学生が青い顔をして、「実験データの処理の際、ある変数にある定数をかけるのを忘れていたことに、先生が出掛けた後で気付いた」と恐る恐る報告したそうです。研究というものは、いくら丁寧に指導したとしても、その細部にまで完璧に目が届くものではありません。ままた仮に、その実験結果をその学生自身が発表していたら、何かの間違いだと思われ、話題にもならなからなかったでしょう。

「研究結果に対する自信は、それを出した学生、その直接の指導者、その上司といくにつれて増していくものである」というブラックユーモアが科学者の間にはあります。実際に研究に携わっている学生は、いろいろな矛盾や他の可能性の存在を感じ、また、自分の誤りと無知を恐れながら、結論を導き出しているものです。だから自信がないわけです。それに対して、その学生の指導者やその上司は、現場の詳細にまでは目が届かない反面、その結果に関わる広い見識と業績を持ち、また、自分がやらせているその研究に思い入れもあります。加えて、歳を重ねるにつれて言論に長けていきますから、その結果に対して自信に満ちて見えるわけです。

悪い例として、次のようなことも起こり得ます。ある熱心で野心家の教授が、自分の考案した装置を、研究室の学生に実際に作らせ、その性能を測定させます。当初は、教授の予想する性能が得られないので、その学生は指導に従い、装置の改良や測定方法の変更を繰り返します。そして、卒業間際になって、ようやく教授が思っていたようなデータが得られ、それを卒業論文としてまとめて卒業していきます。教授は、早速、その研究結果を国際会議で報告するとともに、マスコミにも発表します。以前よりマスコミへの露出度の高いその教授の、画期的な研究成果に、世間は注目します。そして、その技術を完成させるべく、研究は次の学生に引き継がれます。実験方法の拙さや知識のなさもあって、その学生は、なかなか先輩のデータを再現できません。他方、教授は、社会からの期待もあって、その装置のさらなる性能向上を、その学生に迫ります。何をやってもデータの再現が得られない学生は、ある時、先輩のデータの改ざんに気付くのです。卒業が差し迫った学生は、教授の指導の悪さと自分の卒業を引き換えにはできないと、さらにデータを捏造し、教授の期待に沿った論文を残して卒業していきます。このようなことが繰り返されると、学生にはもはや罪の意識はありません。また、その教授も自分の無知と野望のなせるわざに気付くこともなく、学生に対するアカハラ（アカデミック・ハラスメント）を繰り返すことになります。

科学・科学技術の現場は、それが研究であろうと、開発であろうと、人工システムの運用であろうと、科学知と未知と無知と人間模様の織りなす世界です。それらの全てを文書やデータだけで掌握できるものではありません。しかし、管理社会が進む昨今、組織内、組織間の、〝知っていることになっている〟という連鎖が数々の問題を引き起こしています。元請けは下請けのやっていることを〝知っていることになっており〟、発注元から何か質問があれば、その現状を下請けから聴き、それを元請けなりに咀嚼、勘案して、発注元に答えることになります。組織内においても、研究開発の現場、システム運用の現場から、〝知っていることになっている〟管理職の連鎖で、同じく〝知っていることになっている〟組織のトップまでつながっていきます。現場でのデータの改ざんや偽装が行われても、上に上がった資料を見て、〝知っていることになっている〟上司が気付かなければ、その資料はその上司によってオーソライズされたことになります。そしてその資料は、上に上がるたびに簡略化され、上澄みだけが組織のトップに伝わることになります。それが〝画期的な技術〟

であると、どこかの段階で認識され、対外的に売り出すことになろうものなら、もはやそれが発覚するまで後戻りできなくなります。また、上層部に届く資料には、分かったことだけが記載され、未知の事項、無知の状況は欠落します。こうして、〝全てが分かり〟、〝安全なことになっている〟製品やシステムの認識が、組織内で共有されることになります。そのような、上澄みだけの情報をもとにし、現場の実態から乖離したトップからの指示は、〝分かったことになっている〟、そして、上ばかり見ている上昇指向の中間管理職を経て、咀嚼されることなくそのまま現場に伝えられます。そしてそれが、さらなるトラブルにつながっていくことになります。

組織や社会は、科学技術の外側にいる人が取り仕切っていることが多いものです。一九八八年に起きたスペースシャトル・チャレンジャーの事故は、部品に問題のあることを指摘し、打ち上げの延期を主張した技術陣が、会社の経営を優先する経営陣に説き伏せられたことが原因の一つと言われています。科学・科学技術では、議論は真理を探究するための手段であり、その場の議論に勝つこと自体、あまり意味を有しません。科学・科学技術者は、相手を論破するための訓練を受けているわけではなく、むしろ、自分の知らない事に対する謙虚さを、科学・科学技術者の基本態度として持ち合わせています。加えて、工学系の科学技術者の多くは、建設的で社会性のある人間です。人は誰でも、自分の所属する組織を通して、社会や物事を見てしまいがちです。各々の組織は偏った人材と偏った情報を有しており、その組織特有の価値観を持っています。現実に肯定的な工学系の科学技術者は、ひとたび自分の専門領域を離れれば、組織の空気にのまれやすく、組織全体がやっていることを社会的に相対化し、自分なりに批判的に見ることは不得意です。このため、意識的、無意識的に組織に利用されやすい傾向にあります。

御用学者もその一例です。組織や委員会等の、科学技術の外側の人の中にあって、専門知識を駆使し、時折難解な言葉と論理を織りまぜて、組織に都合のよい言説を並べれば、その人はその組織にとって有用な人材であり重用されます。科学・科学技術に対する社会の認識が不十分な世の中にあって、科学・科学技術者は孤高を保っていればよいわけではありません。しかるべき人材が、しかるべき地位に着き、社会的影響力を及ぼすことは重要です。しかし一歩誤れば、高額な報酬と利権、自らの金銭欲、名声欲、権力欲、支配欲、そして組織の論理にからめ捕られて、御用学者として利用され、科学・科学技術者の道、そして人間の道からはずれていくことにもなりかねません。組織や社会では、人は権力と資金の上流ばかりを見がちです。しかし、権力と資金の上流にいる人の言うことが常に正しいとは限らないのです。

社会との接点の罠

工学系の科学技術の研究成果の一部は産業界を通して、工業製品、社会インフラ、あるいは、それらを製造する産業技術として社会に還元されます。また、産業界におけるニーズと問題の発見、さらに、実用研究、新製品・新素材等の開発は、研究機関における科学技術の進展を促しています。このため、研究機関と産業界との連携と相互作用は重要であり、これによって、科学技術は社会に貢献する様々な成果をあげてきました。また、大学等の研究機関は、将来の科学技術ばかりでなく、産業界を担う人材を育成し、供給するという役割も担っています。

企業は、自社技術の底上げや事業展開等のため、研究機関といろいろな関係を築きます。それらの中には、先端分野に関する情報収集、研究機関の研究成果の実用化・製品化、自社技術に関わる基礎研究の委託や共同研究、研究指導・技術指導の依頼、等の純科学技術的なもののほかに、研究機関の持つ権威や社会的影響力の利用を目的とするものもあります。自社技術の有効性や将来性、あるいは学術的根拠があるとのお墨付きが得られれば、その売り込みや販売に有利になります。また、研究機関の研究者の中には、認定や規格化、許認可、等をつかさどる委員会や、各種事業の検討委員会委員を務める人も多く、それらの人脈は企業にとって有用です。このため、接待や旅費等の便宜供与、寄付や高額の謝礼、さらには天下りポストの供与、等で、不祥事に発展することもあるわけです。

研究機関が行う大型プロジェクトでは、いくつもの企業が研究委託先になることが多く、そこに利害関係が生じます。企業が、プロジェクトのための大型設備や製品の納入元である場合、そこに利益が見込まれるのですが、先端設備の場合、両者の共同開発という側面を持つ場合も多いものです。納入企業は、自社の技術向上と将来への投資も兼ねて、試作機を破格の値段で納入したり、プロジェクトの遂行のために、装置、設備、材料、部品の提供、研究員の派遣、実験フィールドの提供、等の便宜をはかったりもします。これらについても、個々のケースについて、法令遵守のための慎重な判断が必要です。

昔、企業の人が何人かで、研究の依頼に来たことがありました。先方は、依頼内容を一通り説明した後、「学生さんにでもやらせて下さい」と言ったので、「学生は労働力ではありませんので」とお断りしました。確かに、学生が企業からの研究に携わることは、科学技術と社会との関わりを直に体験することであり、それを通して、産業界で働いている人間に接し、また、会社の内情を垣間見ることができる貴重な機会です。しかし、学生の研究は、あくまでも、その学生の成長のためであり、科学技術のためであっても、研究室のためではありません。また、研究室の上に立つ者は、怠けている学生に対して、その学生のために叱ることはあっても、陰に、自分の社会的体面とか実績づくりのためとなどという都合が少しでもあれば、それは立派なハラスメントです。

先輩の論文の提出前に、後輩が図面書きや資料作りを手伝っている研究室は多いものです。しかし、私の研究室ではそれを固く禁じ、「もし間に合わないようだったら、先輩に手伝ってもらうように」と言っていました。地位が上の人間は、自分の不始末の尻拭いを下の者にさせておきながら、「後輩が自分を手伝うことは、後々後輩が論文を書くときのための勉強になるから」などと、自分に都合のよい理屈を考えるものです。私の研究室では、卒業論文の手伝いは修士課程の学生が、修士論文の手伝いは博士課程の学生がやっていました。そして、博士課程の学生が自分の論文を書く頃には、自分で全てできるようになっていたものです。手伝ってもらった学生は、先輩に感謝の念は抱いても、自分に都合のよい理屈で、それが当たり前だなどとは思わないものです。依頼に来た企業の人達は、そのような研究室を出てこなかったようです。

近年、我が国の大学では、社会に開かれた大学、開かれた視点を持つ大学として、人事が多様化されています。そこでは、従来の、学術業績、教育業績、人格だけからではない視点で、産業界、省庁、文化人、スポーツ界、等からの人材が広く採用され、様々な効果をあげています。

一方、社会には、大学教授になりたいと思う人間も多いものです。確かに、同じ事を言っても、著名大学の教授の発言の方が重く受け止められますし、また、いろいろな委員会では、〝偉いことになっている〟大学教授を、その中身に関わらず、形式上、上に立てることも多いわけです。このため、大企業の技術畑で上に昇り詰めた人や、省庁で社会を実質的に動かしてきた人の中には、自らの研究実績や教育実績に関わらず、自らの栄誉のために、あるいは天下り先として、大学教授への道を望む人も多いものです。大学を卒業した人間は、誰しもが大学教授に怒られたり、威張られたりした経験を持っています。そうした人間が、社会に出て、いつしか自分も大学教授になって見返してやりたいと思っても不思議ではありません。昔、私が中央省庁を挨拶廻りで訪れたときのことです。全く面識のないある課長から、「あなたの大学に私の勤め先はありませんか」と言われて驚いたことがありました。

このようにして大学に入って来る人の中には、大学を睥睨して入って来る人がいるのも事実です。特に、大学側が応募書類の作成を手助けしたり、採用試験で特別扱いしたりした人は、私の知る限り、後々何らかのトラブルを引き起こすことが多いように思います。人は誰でも、自らが応募書類を書いたり採用試験を受けたりするとき、謙虚になるものです。これが逆に、厚遇されて迎えられると、慢心を生ずるからなのでしょう。

そういう人が大学に入ると、外から見た大学教授と、現実の大学教授とのギャップに戸惑うことになります。大学の外で見る、権威と威厳のある教授の姿はその一面でしかなく、大学に戻れば、学生とともに自らも泥にまみれて真理の探究にいそしむ一方で、学術的文書や図面等の作成は言うに及ばず、授業や試験・レポートの採点、事務的手続き、教務、庶務、人事等々の学内業務、学会等の対外業務、ひいてはコピー作成から掃除、ゴミ捨てまでやっているのが普通です。社会の大きな組織の役職を経てきた人間の中には、教授本来の業務と思っていたこと以外の、これらの仕事を、能力的にも、また、己のプライドからも出来ない人もいます。

大企業であれば、ある人事構想の下に、事業ごとにピラミッド式に各種人材を配置することも可能かも知れませんが、大学は、一人ひとりの研究者が、それぞれの創造性を発揮しながら多様な研究と人材育成を行っているところです。諸々の雑事も、個々の研究者の創造性が故に多様であり、だからこそ自分でやる必要があるわけです。多くの研究者が集団で関連研究を行っていることも多いのですが、それは、各々の研究者の、長い年月にわたる研究の実績と人材の育成を通して形成されてきたものであり、あてがわれて出来たものではありません。社会からの教授が、自らの研究遂行のために、急に人を集めようとしても、支えとなる人材は思うように集まらないものです。もし、研究や教育の下積みの経験がない教授が、集めた部下に適切な指示を出すこともせずに、ひたすら成果だけを迫ることになれば、それは、いろいろなトラブルやパワハラへとつながっていくことになります。

我が国の研究機関は、社会への情報発信や、例えばサイエンス・カフェのような社会に対する活動が強く求められています。これは、国民の税金を使っている研究機関として、その内容を社会に対して可視化し、説明責任を果たすとともに、社会に役立つ研究や活動を行っていることを示そうというものであり、各研究機関は、自らの発展を期して、その成果や実績のアピールに積極的に取り組んでいます。しかし、そこでは、社会の耳目を集めることを極度に重視したり、マスコミに媚びる研究者まで現れ、また、研究機関も、社会にアピールできる〝即戦力〟として、社会的認知度の高い人材を採用したりもしています。しかし、それが科学・科学技術に根差したものでない限り、科学・科学技術というものの社会的誤解を助長することになります。例えば、自らの名声欲、自己顕示欲にかられたタレント学者が、人々の願いに沿った、科学技術の良い面だけをことさらに説けば、人々は喜ぶでしょうし、分かるはずもないことを分からないと言うより、分かったような事を言う方が、その学者、ひいては科学技術を頼もしいと思ってしまうことになります。そのような、社会に迎合した事を言う人間は、おしなべて〝上から目線〟で、社会から学ぶ姿勢がなく、自らの学問を深めることもないものです。

研究機関の情報発信や社会活動は、単なる自己宣伝や情報の一方通行であってはなりません。研究機関や研究者がそれらを通して、社会から何かを学び取り、自らの科学・科学技術研究に活かすものでなければならないと私は思います。

苦悩する科学技術者

越後の僧、良寛は、当時の仏教界の頽廃を嘆いて、「僧伽」と題して次のような詩を残しています。


髪を落して僧伽となり、食を乞うて、聊か素を養う。

（中略）

白衣の道心なきは、なほこれ　ために恕すべし。出家の道心なきは、これその汚れたるをいかんせん。

（中略）

今、仏弟子と称するも、行も無く、また悟りもなし。

（中略）

首を聚めて大語をなし、因循、旦暮にわたる。外面は殊勝を逞しうして、他の田野の嫗を迷わす。

（中略）

今よりつらつら思量して、汝がその度を改むべし。勉めよや　後世の子、みずから懼怖をのこすことなかれこれを現代の大学に当てはめるとすると、次のようになるでしょうか。

世の栄利から離れて清貧の学問を志し、国民の税金に支えられた大学に職を求める。

・・・

学生が勉強しないのはまだ許せようが、学問のプロである教員が勉学と真理の探求を第一義としない、その汚れをどうしたらよいであろうか。

・・・

世に専門家と言われながら、自ら学びもせず、実質もない。

・・・

大言をはたき、外面をつくろいながら世の人々を迷わせている。

・・・

今から十分に思量して、あなたがたの非を改めるべきである。学問とは学び問うことである。若い研究者よ、勉学に励みなさい。自らをおとしめるようなことがないように。

科学技術者は、直接間接に、これまで述べてきたような、いろいろな過ちに接しています。それらは、日々打ち込んでいる科学技術の本質とはかけ離れたものでありながら、自らの栄誉のため、生活のため、組織のために、誰の心の中にもその芽が垣間見えるものです。また、立場上あるいは成り行き上、そうせざるを得なくなるような場面にも度々遭遇します。これらの過ちは、地位の高い人ほど、他人そして自分に対する言い訳に手が込んでいて、始末が悪いものです。そしてそれらは、身近な人ほど、そして、下にいる人ほど、よく透けて見えるものです。

良寛のこの詩は大変手厳しいのですが、最後に若者に対して「勉めよや　後世の子」、すなわち、「そんなことに惑わされずに、そして自分がそうならないように、勉学に励みなさいよ」とやさしく励ましています。良寛が本当に言いたかったのは、このことだったのではないかと私は思います。

地域に入る科学技術者

科学技術者は、工場の建設、エネルギーシステム、情報システム、道路等のインフラ整備、エネルギー・資源開発、地域開発や地域振興、災害復興、あるいは、自らの研究、等のために地域社会に入ります。それによって、これまで、地域の利便性や福祉の向上、地域の活性化と地域経済の向上、等の成果をあげてきたわけですが、その反面、第一章で述べたように、それらにともなう環境破壊、環境汚染、地域の文化や生業の破壊、人心の荒廃、等々、科学技術者あるいは従来の科学技術だけでは解決できないような諸々の問題ももたらしてきました。

それでは、現代の科学技術者は、どのような認識を持って地域に入っているのでしょうか。先ず、第一章で述べた「科学技術と社会の関係の第2コーナー」前後の時代の古典的な科学技術観を持った科学技術者も依然として多いことがあげられます。すなわち、地域の実体に無関係に考案され、自然からも社会からも隔離された、実験室や工場で開発された人工システムを、それをうまく稼働させることを主眼として、地域に「実装」し、その実装が地域に貢献することを疑わない。地域はその人工システムにとって単なる境界条件であり、そのときのいろいろな規制をクリアしさえすればよい、との認識です。これは、かつて公害や重大な環境汚染を生んだ構図と同じです。規制の多くは、痛ましい事故を受けた後追いであり、その中にあって、科学技術者は人工システムの弊害の源を最も端的に把握できる立場にあったからです。

科学技術者は、普遍的なもの、先進的なものを求める性癖を持っています。このため、考えた人工物が、世界中どこでも使えることを重要視するあまり、第一章で述べたように、地域固有の特性や、それに基づく「在来知」、そして伝統・文化を軽視する傾向があります。例えば、開発途上国で、ペットボトルやプラ容器を普及させ、生産や流通の効率化と低コスト化につなげることは考えても、それが、これまで、竹籠や陶器などの在来の容器を製造販売してきた人々の生業を壊滅させるばかりでなく、自然循環できないそれらの容器が、回収のための社会システムも処理プラントもない地域で、到る処でゴミの山となるだろうことまでは思いが及ばないのです。

地域とは、ある空間に今人々が暮らしているだけのものではありません。長い歴史を経て自然とともに暮らしてきた地域の人々は、何代も前の先祖から自然とともに暮らす知恵を引き継ぎ、何代も先の子孫のことを考えて暮らしているのです。そこでは環境共生や持続可能性は大前提でした。

そして人々はお互いを思いやり、その地域の知恵を共有してきました。これが「在来知」と言われるものです。現代の科学技術が、この地域地域の在来知を十分に読み解いているわけではありません。むしろ在来知を無視し、何にでもあてはまる原理とどこでも使える技術をもって、力ずくで地域に踏み込んでいることも多いのです。そしてこのことが、世界中の環境問題を引き起こしていると言っても過言ではありません。

地域というものは、地域の行政の担当者に話を聞けば、全て分かるというものではありません。自分を地域の一生活者として見たとき、自分の地域の行政担当者がその全てを分かっているわけではないことは、容易に想像できると思います。また、人工物の地域「実装」にあたって、地域のことは地域の行政に任せておいてよいわけではありません。なぜなら、科学技術の外側にいる行政担当者と、科学技術者との間には、これまで述べてきたような、科学技術に対する認識の大きなギャップが存在するからです。

人は誰しも、自分が所属している組織を通した社会観、立場を通した社会観、専門を通した社会観を持っているものです。特に、建設的で社会性があり、全体に対する批判力に乏しい工学系の科学技術者は、組織の一歯車になり易い一面を持っています。地域にとって望ましい効果を生むかどうか、また、どのような弊害が生じるかがよく分からない事業に対して、自分が科学技術者、そして一人間である前に、事業主体の一員であるという理由だけで、その事業を地域に推奨し、また、推進してしまう傾向にあることも事実です。そして、その事業自体が、地域のことを度外視して予算化されたものであったり、企業の短期的利益のためであったりすることも少なくありません。事業側は、「地域のリスクは事業者のリスクでもあり、それは十分に考えている」と言うかも知れません。しかしそのリスクは、地域住民にとって、先祖伝来のかけがえのない地域の、子々孫々にわたる〝我が事〟のリスクであるのに対して、事業担当者にとっては、それを担当している期間だけの仕事上のリスクにすぎないのです。

近年、研究機関の社会貢献が声高に叫ばれ、地域社会との接点を求める研究者や研究機関が増えています。では、地域社会に入ろうとする研究者の目的は何なのでしょうか。それは、論文を書くため、研究成果の社会実装のため、啓蒙や指導のため、研究予算獲得のため、あるいは社会貢献の実績づくりのためなどであったりします。

論文を書くためということは、学術の進歩に貢献し、かつ研究者としての自分の実績を積むためであり、成果は学術論文です。学術論文には、普遍性、新規性、独自性といった学術的価値が不可欠です。そしてその学術的価値は、その研究者が所属する学界の価値観に沿ったものになりがちです。一方、地域が直面している課題の多くは、個別的であり、ありふれたものです。研究者はそのような地域に入り、地域の課題とは無関係に、自分の研究のシナリオに都合のよい材料を集めて歩くことになりがちです。専門家というものは自分の専門を通して物事を見る性癖をもっています。これは自分の専門の筋道に沿った見方でしか地域を見ることができないことを意味しています。これでは、資料の収集に地域の人々の多大な協力を仰ぎながら、その成果である学術論文は、地域のためではなく、研究者自身のためであり、地域は見せ物か、使われただけということになってしまいます。

では、研究成果の社会実装のためというのはどうでしょうか。地域の実体に無関係に考えられた研究成果を、ある特定の地域で実際に機能させようとしても、その成果を生み出す以上の困難が予想されます。また、たとえ実装できたとしても、それが地域にとって望ましい効果を生むかどうかは別問題です。

啓蒙や指導のためというのはなべて上から目線です。情報化社会の現代にあって、どんな片田舎でも、この上からの流れに沿った知見はネットやマスコミによって容易に触れることができます。そして何よりも、地域から学ぶ姿勢がなければ、それは研究者にとっても、科学技術にとっても生産的ではありません。

研究予算獲得のため、というのはどうでしょうか。その研究費によって地域が潤うことにもなるはずです。しかし、補助金・助成金の採択の基準や成果に対する評価は、先進的、普遍的、短期的なものに目が行きがちで、本来不可欠なはずの、地域では避けて通れない現実的な課題や長期的な課題の解決には目が向いてないことが多いものです。なぜなら、それらの課題はありふれたものが多いからです。また競争的研究資金では、決められた期間内に、多くは年度ごとに、一定の成果を上げることが要求されるのですが、その期間は長くとも5年です。このため、その期間内に成果があがる課題だけが取り上げられることになります。このように、予算獲得のために設定された課題は長期的視野に立ったものが少なく、また、地域の本質的課題や住民の意識とはかけ離れたものになりがちで、研究期間が終了すると同時にその活動は消滅することになります。

地域に入る科学技術者は、「何が地域のためか」という本源的な問いに、常に正面から向き合っていなければならないと私は思うのです。

4. 科学の社会化と脱制度化

科学・科学技術は、社会との相互作用により、現代文明の発展に大きく貢献する一方で、大小の災禍ももたらしてきました。その中にあって、科学・科学技術者は、社会のしがらみの中で、直接・間接にそれらの災禍に加担したり、いろいろな不祥事を起こしたりしています。それでは、個々の科学・科学技術者はどうしたらよいのでしょうか。そのことを考える前に、本章では、科学・科学技術と社会との関係について、もう少し掘り下げて考えてみたいと思います。

社会に受け入れられた科学とその制度化

古代には、個人の関心や趣味あるいは哲学の一つであった科学は、その後、合理性、客観性、普遍性、定量性を獲得し、さらに技術と融合して、社会に有用なものとして認識されるようになりました。そして一七世紀頃から、国家や社会によって科学は「制度化」されていきます。すなわち、大学や研究機関の設置による、科学者の専門職業化と科学教育の制度化、学位授与の制度化、学会、学術会議等の科学者コミュニティの制度化、等です。そして、産業革命とともに一九世紀に始まった「第2次科学革命」以降、科学は社会、とりわけ産業の振興に役立つ技術と科学知を次々と生み出し、それが産業革命を一層発展させせました。その一方で、国家や社会が、産業技術、運輸・交通技術、社会インフラ技術、エネルギー・資源開発技術、医療技術、そして軍事技術に著しい進歩をもたらす科学技術の発展を、経済的、制度的に促すようになりました。また、科学技術の産物である、運輸システム、放送・通信システム、エネルギーシステム、等の制度化や、特許制度等の科学技術行政制度の整備も行われていきました。

我が国においても、明治維新以降、「社会の科学化」と「科学の制度化」が国家によって推進されました。科学的合理性のある社会の構築は、欧米列強に肩を並べるための富国強兵、経済発展、国民の生活・教育レベルの向上には不可欠だったからです。そのためには、西欧の自然科学に裏打ちされた、社会の教化と啓蒙、科学を担う人材の育成とそのための組織、そして、国家の目標に沿った研究開発を行う組織が必要であり、大学、国公立研究機関、ならびに、初等教育から大学に至るまでの科学教育プログラム等が次々と制度化されました。また、これらの国家による科学振興策と併行して、科学の発展と質の確保のための学協会や学術会議、等の科学者コミュニティも組織化されていきました。

科学・科学技術が社会にもたらすものは、社会にとって良いことばかりとは限りません。凶器や毒物、あるいは薬害や公害などはその例です。そして、それらに対処するための社会制度も整備されていきます。これも「社会の科学化」と「科学の制度化」の一面です。

科学の制度化の限界とその弊害

「科学の制度化」は、科学の社会への定着と発展に大きな成果をあげましたが、その一方で、数々の弊害と限界も有していました。制度化によって、科学は専門分野ごとに認知され[＊1]、その研究・教育のための職業研究者としてのポストと資金が保証されましたが、それが次第に、組織面、人事面、資金面の既得権益として硬直化するとともに、専門分野ごとの価値観や方法論による専門分化と棲み分けが進み、タコツボ化していきました。このため、制度化された専門分野から外れた問題や思考・方法論による研究や教育、制度化された専門分野を超える研究や教育、そして、対象が同じであっても、そのコミュニティの外にいる人による研究[＊2]、等が行われにくくなる状況を生んでいきました。さらにこのことが、各省庁の縦割り行政との相乗効果も生みだしています。大学にあっては、制度化されたポストと資金の下でも、その枠組みから外れた新たな領域の研究を行うことは、ある程度は可能でした。しかし昨今の、研究者の裁量で使える資金の激減と、短期的研究成果が求められる外部資金・競争的資金への依存、そして過度の業績評価が、そのような研究を行いにくくしています。

制度化が、行政のトップダウンによっていることにも問題があります。官制研究が大きな予算を

（＊1）我が国は明治期に、大学の学科や講座のように、すでに専門分化された科学を西欧から移入しました。〝知の探究〟が本来の意味である「science」を、「科学」すなわち〝区分化された学問の集合〟と邦訳したのが象徴的にそれを物語っています。

（＊2）異なった研究経歴と能力を持つ研究者の研究は、当初はそのコミュニティから見て稚拙であっても、やがて、従来とは異なった視点と方法論による、新たな研究の展開を生むことも多いものです。

行使している一方で、大学において、将来の研究領域と人材育成を見据え、真剣に議論して作成した教育・研究組織等の概算要求が、卒業生の社会的受け皿が少ないことや、産業や経済への貢献が不明確という理由で却下された経験を持つ大学教員も多いのではないでしょうか。現在、産業や経済に大きく貢献している科学技術であっても、そのほとんどは、社会から期待されることも、知られることもなく始められています。花や果実だけが植物ではなく、葉や茎、根や土壌、そしてそこに住む小動物や微生物まであって花や果実が育つのと同じように、科学技術も、その成果だけを考えていては、早晩それは空洞化し、衰退してしまうものです。本来、科学技術の進展とその産物は、その社会的有用性とも、社会制度とも別の物です。科学技術が未知の世界への挑戦である以上、その具体的成果を予見すること、強制すること自体不遜なのですが、制度の上に乗った予算配分を通して、科学技術が支配されていることは事実です。また、その政策決定に、経済界の圧力があることも否めません。

エネルギーシステムや社会インフラなどの、制度化された技術分野の研究開発が一面化するという弊害もあります。例えば研究者が、エネルギーシステムについて具体的な成果や社会的影響力を見込める成果をあげようとすれば、制度化された現存のシステムの改善か、その延長線上の研究が主体になり、制度から外れた研究や、制度に反するような研究、例えば、電気事業法に反するような研究は行いにくくなります。ましてや、現エネルギーシステムに都合の悪い研究は、既得権益とのからみもあってさらにやりにくくなります。ここにも、抜本的な技術革新を妨げる要因があり、またこれは、御用学者を生む要因にもなっています。

科学の脱制度化の動き

科学の制度化に関する批判的検討は、科学史や科学哲学の分野では、一九七〇年頃から始まっていましたが、今では、「科学の脱制度化」は、科学の各分野において一つの流れになっています。「市民参加型の科学」はその例です。従来から、科学は制度化された職業研究者だけではなく、チャールズ・ダーウィンやジェーン・グドールのように、アマチュア科学者もその進歩に重要な役割を果たしてきました。現代にあっては、職業研究者の活動は、制度化にともないいろいろな社会的制約を受けています。このため、例えば、広域あるいは長期にわたるフィールド調査や観測、地域の歴史や伝統文化等の地域性の高い研究対象の研究、地域の風土を活かす技術や在来知の研究、等はむしろ行いにくくなっており、「参加型科学」が見直されています。

二〇〇〇年頃から、「公」（国家）でも「私」（経済活動、企業、個人）でもない第3の極として、「公共」の視点の重要さが再認識され、そのための組織として、NGOやNPOなどの活動が世界的に活発になっています。科学の制度化は、産業革命以来、主に国家ならびに産業の視点から行われてきましたが、これに対して、近年、公共のための科学技術が重要視されています。一九七〇年前後の「科学と社会の関係の第2コーナー」以降、科学は、環境、生態系、地球、生命、人間、福祉、地域社会、等のポスト・ノーマル・サイエンスへとその領域を拡げています。それらは、従来の科学・科学技術とは異なり、科学・科学技術者だけでは解決できない不確実な問題を包含しており、科学、行政、産業的視点ばかりではなく、公共、生活者、地域社会からの視点と、それらの間の協働の取組みが不可欠になっています。

人類の福祉の向上のための科学技術であるはずの工学も、我が国では、制度化ならびに近年の社会情勢によって、産業や行政を通した工学、産業や行政のための工学に偏りつつあります。むしろ「科学と社会の関係の第1コーナー」以前の方が、工学者は人間社会や人類の福祉の向上に直接向き合っていたと言えるかも知れません。しかし一方では、近年の科学技術の社会への浸透と大衆化、ならびに、産業形態の変化にともない、介護ロボットの研究のような人間社会や人類の福祉に直接向き合った研究も盛んになりつつあります。

現場の創意や技術、そして技術伝承は、我が国の科学技術の制度化の中で、むしろ当り前にあるものとして軽視されてきました。国際的に高い評価を受けている我が国の生産管理体制も、西欧流のトップダウンの管理主義とは異なり、現場の創意や技術に根差したボトムアップと、生産管理のトップダウンとの、出会いと協働の〝たまもの〟でした。しかし、かつて研究開発の現場に多数いた技師や技術支援員の数は激減しており、今や研究者だけでは〝もの〟や実体に即した先端研究は困難になりつつあります。また、それらの研究を献身的に支えてきた中小企業や町工場も、その技術者が高齢化して、我が国の科学技術や産業の空洞化が危惧されています。現場の創意と技術の伝承は、客観的に記述できる科学知とは異なり、感性と心と技を持った人間を育てることであり、伝統工芸の伝承とも相通じる、現代の制度化された科学の外側にあるものです。

本書の主題の一つである科学者倫理の問題も、制度化された科学の範疇に入りきれない問題です。法と犯罪防止だけでは健全な社会は実現できないように、「・・・べきである」や「・・・でなければならない」などの倫理規範の整備だけでは問題は解決しません。それは、人それぞれの生い立ちや感性、個性、心のような、人間の内面と社会との関わりの問題、主観としての当事者性の問題、等、制度化された科学を超えて、科学、人間そして社会の本源的なところから考えていかなければならない問題だからです。

科学の社会化

社会が科学によって変貌している一方で、科学自体も、現実と向き合う中で、社会に適応し変貌します。これを本書では「科学の社会化」と呼ぶことにしましょう。例えば、生物と生物、生物と環境との関係を研究する生態学は、元来、生物学の一分野として、人的要因を極力排除した自然生態の研究を行うものでした。人的要因は自然環境に影響を与え、時には破壊するものですが、その一方で、里山などの、人の手が加えられ維持されてきた二次自然が生物多様性に大きく貢献していることなどが明らかになり、現在では生態学は人為作用を含めた生態系の研究へと領域を拡げています。

豊岡市のコウノトリの野生復帰の取組み（菊地直樹著『蘇るコウノトリ　野生復帰から地域再生へ』、二〇〇六年）の例を紹介しましょう。コウノトリは、江戸時代には日本各地に生息していましたが、明治期の乱獲により激減して、昭和期には豊岡周辺に数十羽生息するのみとなりました。さらに、戦時中の松林の伐採や、戦後の農薬の使用などにより減少し、一九七一年には絶滅してしまいました。その後、一九八五年になって、ハバロフスクから6羽の幼鳥が寄贈され、二〇〇二年には、野生復帰の拠点研究機関である「コウノトリの郷公園」で、１００羽が人工飼育されるまでになりました。二〇〇五年には、野生復帰のために最初の5羽が放鳥され、二〇一五年までに37羽が放鳥されています。その結果、二〇一六年には、野外繁殖を含めて約90羽が野外で生息するまでになっています。

コウノトリの野生復帰の研究は、希少性という学術的価値をもったコウノトリを、いかに放ち、定着させるかを主眼に、採餌、営巣、繁殖、生息環境、遺伝管理、等の生物学的研究と、それを実現するための市民啓発すなわち「社会の科学化」が最初にありました。しかし、餌となるドジョウ、フナ、カエル、ミミズ、等がいるのは、水田や水路のある農業区域であり、そこでは農業生産や地域住民の実生活が営まれています。そのため、コウノトリが生息できる環境を実現するためには、生物学的視点ばかりでなく、農学、土木工学、地域経済学、環境社会学、民俗学的視点からのアプローチ、そして何よりも、住民視点からのアプローチが不可欠であり、現在では、それらが融合した取組みがなされています。そして、このような取組みは、そのまま、これからの人類の環境共生社会実現のためのアプローチでもあります。

企業利益、グローバル競争に資する科学技術への指向も、もとはと言えば「科学の社会化」の一つであり、そして何よりも、「第2次科学革命」における産業と経済に貢献する科学技術の進展も「科学の社会化」の典型であったと言えましょう。(＊3)

4つの極を往来する科学と科学者

以上、「社会の科学化」、「科学の制度化」、「科学の脱制度化」ならびに「科学の社会化」について述べてきましたが、ここで、本書における「科学」の定義について整理しておきましょう。本書では、「科学」を、制度化された科学ではなく、「知あるいは真理を探究する営み」という最も広い意味で用いています。これは「学問」と同義です。したがって、これには、物理や化学などの自然

(＊3) 鬼頭秀一は、トーマス・クーンの著書『科学革命の構造』について、「クーンは、科学の営みを、その時代の科学を一定の社会的枠組みのなかでしか存在しえないものとして既定し、その構造的な枠組みを『パラダイム』と呼んだ。」と紹介し、科学の研究方向が、その時代の人々の知的関心や社会的状況に影響されるものであることを述べています(鬼頭秀一「民俗学における学問の『制度化』とは何か――自然科学の『制度化』のなかから考える」、岩本、菅、中村編著『民俗学の可能性を拓く』、二〇一二年)。

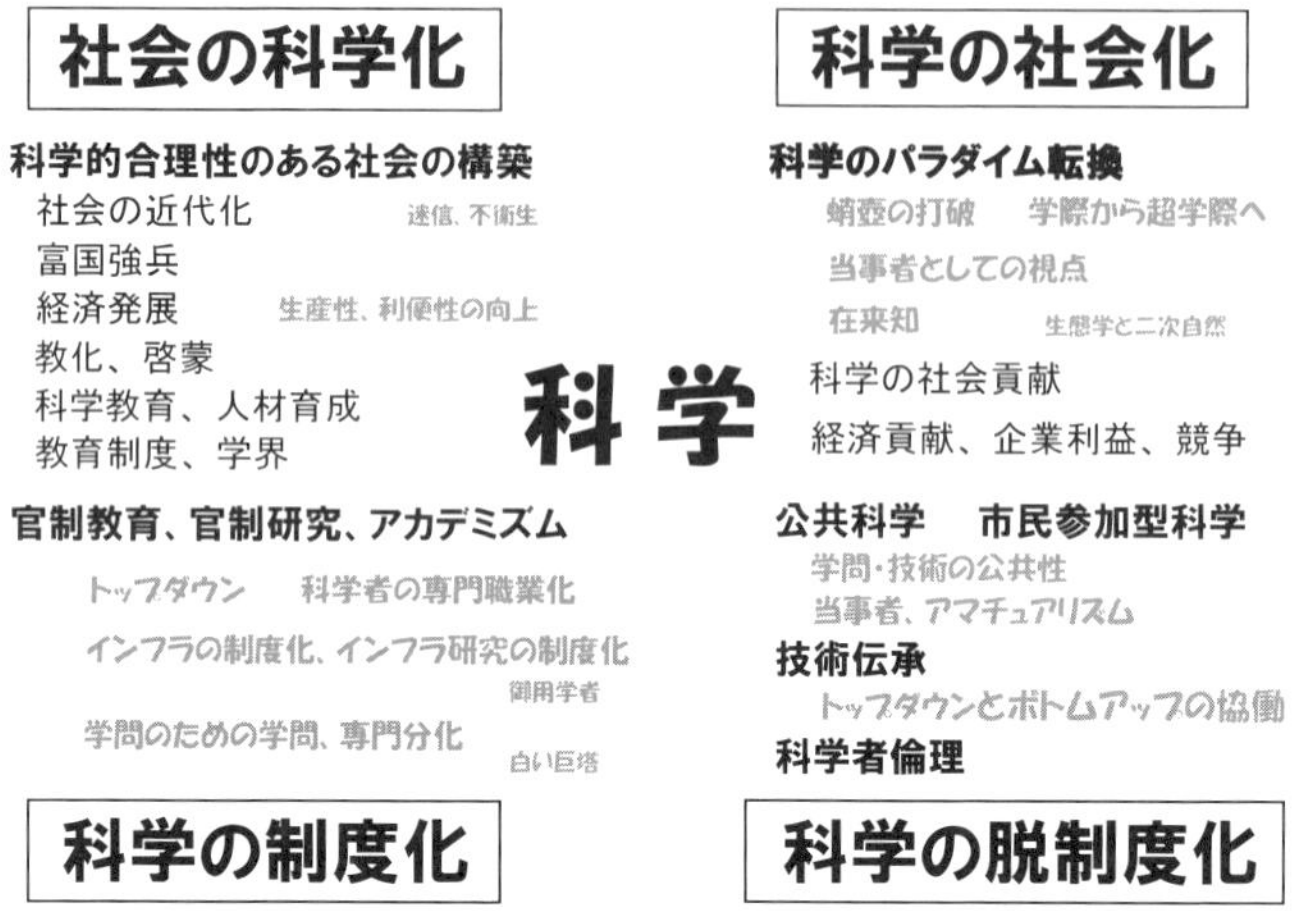

社会の科学化

科学的合理性のある社会の構築
社会の近代化　迷信、不衛生
富国強兵
経済発展　生産性、利便性の向上
教化、啓蒙
科学教育、人材育成
教育制度、学界

科学の社会化

科学のパラダイム転換
蛸壺の打破　学際から超学際へ
当事者としての視点
在来知　生態学と二次自然
科学の社会貢献
経済貢献、企業利益、競争

科学

官制教育、官制研究、アカデミズム
トップダウン　科学者の専門職業化
インフラの制度化、インフラ研究の制度化
御用学者
学問のための学問、専門分化
白い巨塔

科学の制度化

公共科学　市民参加型科学
学問・技術の公共性
当事者、アマチュアリズム
技術伝承
トップダウンとボトムアップの協働
科学者倫理

科学の脱制度化

図1　科学と社会の関係：科学は「社会の科学化」、「科学の制度化」、「科学の脱制度化」、「科学の社会化」の4つの極を往来する。科学者もまた、この4つの極を往来している。

科学や、工学や農学などの応用科学ばかりでなく、人文科学、社会科学、さらには、現在の科学では未発達の領域の科学や、例えば、非西欧的思考やアプローチも包含できる未来の科学も含めています。また「科学技術」は、「科学」のうち、「科学と技術が融合した領域の学問」を意味しています。なお、これまでの科学によって構築されてきた知識体系である「科学知」と、人間の営みである「科学」は区別しています。

図1は、これまで述べてきた科学と社会の関係をマップ化したものです。本図では、常に進歩、発展、そして領域の拡大を続ける「科学」を中央に配置し、左上に「社会の科学化」、左下に「科学の制度化」、右下に「科学の脱制度化」、右上に「科学の社会化」の4つの極を配置してあります。個

人の知的営みであった「科学」が、その発展とともに、その社会的価値が認められ、社会に受け入れられていく「社会の科学化」と「制度化」、そして、その制度化を補う「脱制度化」の動き、また、科学自体が社会と向き合うことによる「科学の社会化」の動きが、本図上では科学の4つの極間の往来で表されます。科学のそれぞれの分野は、それぞれ異なった往来の仕方をし、また、時代とともに、いろいろな往来が繰り返されます。例えば、既存の制度化された枠組みを超え、社会化された科学の動きも、その有効性が社会に認知されれば、新しい科学の分野として制度化されていきます。

もう一つの本図のポイントは、科学者、科学技術者それぞれの立ち位置や意識の動きを表現できることです。例えば、制度化された研究機関と学会に所属する研究者が、制度化された分野の研究を行う場合には、その研究者は、左下の極と中央に軸足を置いていることになります。もしこれが、真理の探究を第一義とせずに、自己の業績や昇進を主眼としたものであれば、重心は左下に偏っていることになります。博物館の学芸員が、市民参加型の調査を行い、成果を上げる場合はどうでしょうか。この場合は、左下と右下の極、そして中央に軸足を置いていることになります。ある研究機関と学会に所属する研究者が、地域に入り、それが既存の学会の論文にはなりにくいこと、そして、組織の目的にも必ずしも沿わないことを知りつつも、地域の問題の本質に迫るような研究を行っているような場合は、左下と右上の極、そして中央に軸足を置いており、その重心は中央と右上の極の方にあることになります。研究組織を離れ、地域に移り住んで、地域の問題を研究する研究者は

「レジデント型研究者」と呼ばれ、近年、その意義と重要性が認識されつつあります。この場合は、右上の極と中央に軸足を置いて活動していることになります。企業の技術者が、製造技術や製品開発の研究を行う場合には、中央と右半面の中程に軸足があると言えます。もし、研究機関の研究者が、先端研究における現場技術の開発とその伝承の重要性を痛感し、自分の業績を省みずに、それに身を捧げるのであれば、左下と右下と中央に軸足を置きながらも、中央と右下に重心があることになります。研究機関に所属する研究者が、市民に対し啓発活動を行う場合は、左上と左下に軸足があることになりますが、もしそれが、真に市民のためであれば、重心は左上に、反対に、自分や組織の業績稼ぎや自己顕示欲のためなら、重心は左下にあることになります。

科学・科学技術者は、科学・科学技術に関して一定の社会的責任を負うとともに、いろいろな社会的制約の中で、いろいろな業績をあげています。その一方で、直接・間接に科学・科学技術がもたらす災禍に加担したり、様々な不祥事の芽に直面したりしています。科学・科学技術者の眼前で起きていること、科学・科学技術者が迷い、悩んでいることは、左下の世界でのこと、あるいは、左下からの目線によることが多いものです。このようなとき、例えば、本マップ上で、自分の立ち位置と意識、そして社会的制約を相対化し、自ら考えることは有効であると思います。次章では、本図も念頭に置きながら、科学・科学技術者のあり方を考えていくことにします。

5. 科学技術に携わる人間として

前章まで、科学知は客観的・普遍的な知識体系であるが、科学・科学技術は科学・科学技術者の主観的営みであることを述べてきました。芸術家であれば、「主観的な人間が主観的なものを創造する」のですが、科学・科学技術の場合は、「主観的な人間が客観的・普遍的なものを創造し、その世界に遊ぶ。しかし、その人間の行動自体は主観的である」という自己矛盾の中にいます。そして科学・科学技術者はそれに対する自覚がないことも多いのです。このことが、いろいろな問題を引き起こしています。そこで本章では、科学・科学技術者の内面まで立ち入って考えてみたいと思います。

科学・科学技術者の内なる世界

以下は、ノーベル賞物理学者の朝永振一郎が31歳のとき、ドイツ・ライプチッヒ大学に留学していたときの日記の一部です。

学校へ行って講義をきく。それがすんで十一時ごろハイゼンベルクの部屋に行って、ぼくの仕事を書いたものを渡す。彼は読んでおくから一週間後にそれについて話をしようということになる。大変長い計算を大変だったろう、よませてもらっていろんなことを知ることができてありがたい、などと彼はお世辞をいう。しかし、こちらはこのころ何やかやで微少妄想をおこしているから少しもうれしくなく、彼は定めし読んで、何だ、つまらなかったと思いはしないかという気がしてくる。

（中略）

ハイゼンベルクはお世辞がいいけれども、これくらいの学生のような仕事では、ぼくは情けない気がしている。

（中略）

久しぶりに学校に出る。昨日論文の別ずりが来たので、これをきっかけにして出かける。（中略）オイラーは僕の仕事面白いといってほめてくれるが、こちらは一向そう思えない。

（中略）

仕事の行きづまりをうったえて、少しばかり泣きごとを仁科先生に書いたのに、先生から朝がたに返事がきた。センチだけれどもよんでなみだが出てきた。いわく、業績があがると否とは運です。先が見えない岐路に立っているのが吾々です。それが先に行って大きな差ができたところで、あまり気にする必要はないと思います。またそのうちに運が向いてくれば当たることもあるでしょう。小生はいつまでもそんな気で当てに出来ないことを当てにして日を過ごしていきます。ともかくも気を長くして健康に注意して、せいぜい運がやって来るように努力するよりほかはありません。うんぬん。これをよんでなみだが出たのである。学校へ行く路でも、この文句を思い出すごとに涙がでたのである。（後略）

（朝永振一郎「滞独日記」一九三八年より、『朝永振一郎著作集Ⅰ』、一九八一年）

また後年、朝永はこれまでを振り返って次のように述べています。

たしかに、仕事が快調に進んだときは、ある程度夢中になったこともある。しかし、そんなことは十に一つ、あと九つは途中でいやになったり、何の因果でこんな商売をやらねばならないかと思ってみたり、今までの三十年というもの結局こんな状態のくりかえしである。仕事が予想通り行ったときはうれしかったものだが、大部分は予想はずれで、幻滅の悲哀をなめるばかり、それが習い性となって、何をやるときも熱っぽいうちこみ方などできるものではない。

仕事がうまくいったときのよろこびも、考えてみれば、純粋な真理追求のよろこびではなかったようだ。そこには功名心という雑念が入っている。また、本当に学問自身にうち込んで、真理自体を知ることに幸福を見出すのなら、誰のやった発見でも、それを学ぶことに無上のよろこびを感じるはずである。ところが実際はそうなっていない。今だから白状するが、湯川理論ができたときには、してやられたな、という感情をおさえることができなかったし、その成功に一種の羨望の念を禁じ得なかったことも正直のところ事実である。

ほんとうのえらい学者はこんな雑念になやまされることはないはずだ。それにくらべて、まるで邪念妄想のかたまりのような自分の何とつまらない者であることよ、こんなことを何度もくりかえし考えたものである。

（朝永振一郎「思い出ばなし」一九六二年より、『朝永振一郎著作集Ⅰ』、一九八一年）

研究に真剣に取り組んだ人であれば、誰でも、大なり小なり、似たような経験を持っているものです。あの聡明をもって知られる朝永でさえも例外ではありませんでした。彼が感涙した仁科芳雄の手紙は、研究というものの真髄――これは朝永もそう思っていたに違いないのですが――を説きつつ、研究指導者としての温かい思いやりにあふれています。朝永は、自分の心に、純粋な真理追求ばかりではなく、功名心や羨望という雑念も入っていたことを述懐していますが、これは、研究者として自分自身を相対視できていたことに外なりません。

次は、物理学者寺田寅彦が30歳のときに著した、小学校時代の思い出話です。

小学時代に一番きらいな学科は算術であった。いつでも算術の点数が悪いので両親は心配して中学の先生を頼んで夏休み中先生の宅へ習いに行くことになった。（中略）先生が出てきて、黙って床の間の本棚から算術の例題集を出してくれる。（中略）「甲乙二人の旅人あり、甲は一時間一里を歩み乙は一里半を歩む・・・」といったような題を読んでその意味を講義して聞かせて、これをやってごらんといわれる。（中略）何時間で乙の旅人が甲の旅人に追い着くかということがどうしても分からぬ。考えていると頭が熱くなる。汗がすわっている足ににじみ出て、着物のひっつくのが心持が悪い。頭をおさえて庭をみると、笠松の高い幹には真赤なのうぜんの花が熱そうに咲いている。

よい時分に先生が来て「どうだ、むつかしいか、ドレ」といって自分の前にすわる。ラシャ切れを丸めた石盤ふきですみからすみまで一度ふいてそろそろ丁寧に説明してくれる。時々わかったかわかったかと念をおして聞かれるが、おおかたそれが分からぬので妙に悲しかった。(中略)繰り返して教えてくれても、結局あまりよくは分からぬとみると、先生も悲しそうな声を少し高くすることがあった。それがまた妙に悲しかった。「もうよろしい、また明日おいで」と言われると一日の務めがともかくもすんだような気がして大急ぎで帰って来た。宅では何も知らない母がいろいろ涼しい御馳走をこしらえて待っていて、汗だらけの顔を冷水で清め、ちやほやされるのがまた妙に悲しかった。

(寺田寅彦「花物語　のうぜんかずら」一九〇八年より。『物理学者の心』一九六六年)

これも似たような経験は誰にでもあると思います。しかし、彼の学校の成績は全ての教科で最上位であったといいます。子供だった寺田は、解けない問題を必死に考える一方で、自分の頭が熱くなること、ノウゼンカズラが暑い日に真赤に咲いていること、先生の悲しそうな声、そして迎えてくれた母親のことなどを全身で感じ取っています。人間は、科学者といえども、頭で考えることだけが全てではありません。その時その時に考えることは、自分の論理思考ばかりではなく、感情や欲などの非論理的思考、周りの状況などによっています。またそれも、病を患ったりすると変わるものです。頭は自分の身体の一部でしかないのです。人の営みは全身的なものです。

寺田は「科学者とあたま」(一九三三年、『物理学者の心』、一九六六年)の中で、「科学者になるためには、頭が良くなくてはいけない。しかし、一方ではまた、科学者は頭が悪くなくてはいけない」と述べています。私も、これまでの経験に照らし同感です。頭の良い人は、他人よりも良い成果を出す自信があるので、多くの人がやっていることをやりたがります。多くの人がやっていることは、それをやる価値があるからであり、そのことを考える必要もありません。これに対し、頭の悪い人は、頭で競争すると負けるので、他人のやっていないことをやりたがります。周りから、何でそのようなことをやっているかと問われるので、必死でやることの意義を考えます。また、それが困難であることを見通せないので、ひたすら自分なりに道を模索します。そして、時には、頭の良い人が見逃しがちな独創的な成果を上げることになります。

学校の試験の成績は、人の頭の善し悪しを示す一つの尺度にすぎません。学校の成績が劣っていても、優れた研究成果をあげた科学・科学技術者はいくらでもいます。ましてや、旧来の科学・科学技術の枠を超えた、人間社会あるいは大自然を前に、自らがそれに対処する能力にいたっては、学校の成績は関係なくなってきます。研究者にとって頭の善し悪しは個性の一つであり、そして、それは極めて主観的なものなのです。

知ると分かる

私の頭の中には、巻き尺のようなものがあります。それは、直線ではなく、ぐにゃぐにゃ曲がっていたり、楕円を描いていたりしています。そしてそれには目盛りがついています。例えば、年齢であれば、自分の現在の年齢はこのあたりで、あの人の年齢はこのあたり、と頭の中でひとりでに思い描かれるのです。月日の巻き尺は楕円になっています。8月に、2月のことを思うときは対岸を見る感覚です。

こういうのは自分だけだと思っていたら、大学生の頃読んだ科学雑誌に、当時有名な何人かの科学者の対談が載っていて、そのうちの一人が、頭の中の巻き尺の話をしだしました。その時の対談では、その科学者一人だけが、頭の中の巻き尺を持っていたのですが、その後、その記事を見た読者から、自分も巻き尺を持っている、というような話が続々と寄せられたそうです。その巻き尺に色が着いている人もいるそうです。

人間というものには、誰でも頭の中に、数式でも図でもない、その人なりの、ある抽象的な〃内なる世界〃があります。私の場合、何事も、この〃内なる世界〃の中で、抽象的な図のようなものがイメージされます。私は、物事の概念図を描くのが得意なのですが、これは、頭にある抽象的なイメージを、図を用いて表すことで出来上がります。誰もがそうでもないらしく、これは、幼い頃の積み木の体験と関係しているような気がします。人によって、それが、動物との体験だったり、海だったり、森だったり、あるいは仲間との体験だったりするのでしょう。いろいろな学習や訓練、社会経験、あるいはその人の性格も、この〃内なる世界〃の形成に関係しているのだと思います。

私は小学校に入る前、毎日のように、積み木で遊んでいました。もちろん、当時の積み木は木製です。人類学者の研究によれば、積み木というものは、結構高尚な能力を必要とする遊びだそうです。なぜなら、積み木には、立体的ないろいろな形があり、それによって、積み上がりかたも異なります。同じ三角形の積み木でも、その置きかたによって、さらに上に積み上げることができたり、できなかったりします。また、一つひとつの積み木には重心があり、それを、何らかのかたちで認識しなければ、積むことはできません。積む時には、自分の手の力が加わるので、その手加減も重要です。その時、一つひとつの積み木の重さも、感じ取る必要があります。さらに、積み木というものは、何もないところから、ある形を作り上げる作業でもあります。そこには事前の構想力が必要ですし、また、作る過程において、残る積み木や、積み上がり具合を見ながら、その構想を変えていく柔軟さも必要です。もし積み木に色がついていれば、さらに、色彩感覚も駆使しなければなりません。

ノーベル賞物理学者の湯川秀樹は著書『創造への飛躍』「思考とイメージ」(二〇一〇年)の中で、ここで言う〝内なる世界〟に関して次のように述べています。

(前略)頭の中にいろんなイメージが現れ、言葉による思考もする、数式もある程度は、寝床の中でも暗やみでも考えられる。そういうものの組み合わせとして混沌としたものを、だんだん言葉による秩序へ、あるいは数による体系化へ変化させてゆく。そういうプロセスの結果としては、とにかくイメージ的、図式的なものは表にでなくなってしまう。(中略)

われわれの納得の仕方はいろいろあります。相当こみ入った問題になると、ただ数学的に正しいから、あるいは事実がそうだというので、受け入れてしまうこともないではありません。しかしもっと基本的な問題に対しては、それでは具合が悪くて、明証といいますか全体のイメージがぱっと疑いようもなくはっきりしているところまでゆかないと納得できない、つまり論理や実証でよいとはいうものの、それでは尽くせない気持ちがあるわけです。ほんとうに納得がゆくというのは、単につじつまがあっているのとは違って、全体のイメージが細部を含めて一瞬にして明らかになるという段階がどこかにあるのではないでしょうか。（中略）

私は自分の専門の物理学でも、ある法則なり理論体系なりをよろしいと納得するときは、そこになにか美しいものを感じているわけです。口では言えないけれども、そういう感じがともなっている。科学では好きもきらいもないとはいうけれども、実は心の奥の方では好ききらいにつながっていて、そこにある種の美意識や好悪感がある。そうなると、科学による納得ということも、言葉なりそのほかの方法で納得させられるのと全然違うともいえないのではないか。

（後略）

生命科学者の中村桂子は著書『科学者が人間であること』（二〇一三年）で、〝知る〟というのと、〝分かる〟というのは異なるものであると指摘し、次のように述べています。

多くの研究者の体験には、研究の過程で論理的に考えていき答を知るときと、パッとひらめいてわかる時があると書かれています。この「ひらめく」時、つまり「わかる」時は、部分的ではなく全体が見えていることが多いと思うのです。

知るというのは筋道を立てた知識の獲得ですが、それだけでは本当に対象をわかることはできません。（中略）それが「わかる」という気持、ああ生きものってそういうものなんだと思い、納得する感じにつながります。これは知識ではなく、心にストンと落ち、自分が生きものであることと重なり合う感じです。

〝知る〟というのは、ある情報に接したり、それをある客観的筋道に沿って理解したりすることであるのに対して、〝分かる〟というのは、〝腑に落ちる〟とか〝体得する〟とか〝納得する〟というように、その人が持っている感性や思考、体験、などによって形づくられてきた〝内なる世界〟の中で、自分なりに分かることです。そして、この〝内なる世界〟や、〝分かり方〟は百人百様です。

図2は、このことを私なりに表したものです。左側の丸は〝知る〟の世界を、右側の丸は〝分かる〟の世界、あるいは、〝内なる世界〟を表しています。〝知る〟には、ある情報が〝存在することを知る〟ことから、その〝内容を記憶する〟こと、さらに、それを〝理解する〟こと、そして、それを〝使える〟段階まであります。〝知る〟の世界の〝理解する〟と〝使える〟の部分は、〝分かる〟の世界と重複していますが、理解し、使えるからと言って、当人にとって、必ずしもそれが腑に落ち

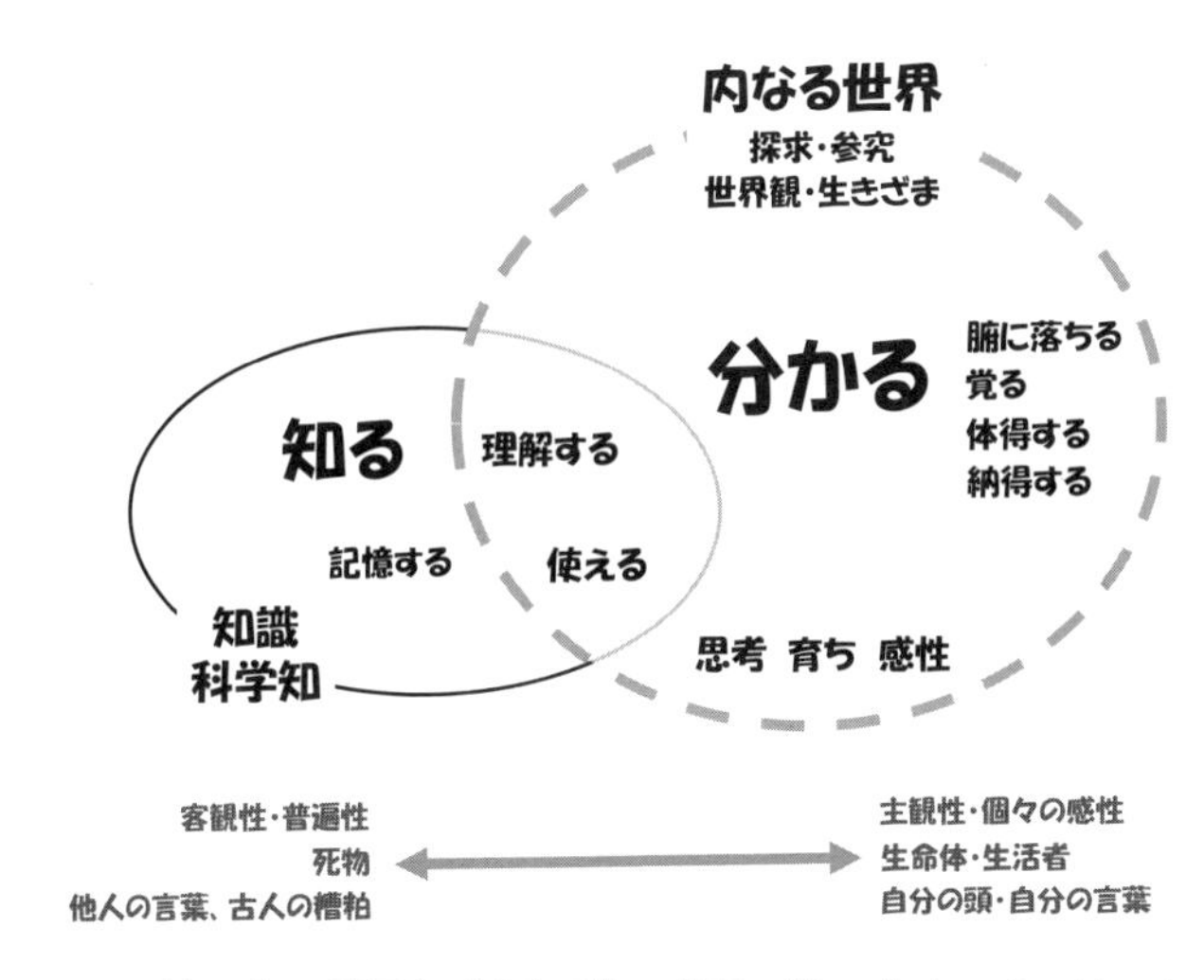

図2　“知る”の世界と“分かる”の世界：“知る”というのは、ある情報に接し、それをある客観的筋道に沿って理解することであるのに対して、“分かる”というのは、人それぞれが持っている感性や思考、体験、などによって形づくられてきた“内なる世界”の中で、自分なりに分かることである。

たり、納得したりしているわけではありません。〃分かる〃ことは、その人の感性との共鳴であり、主観的、全身的なものです。

科学・科学技術者はこの〃内なる世界〃で〃分かり〃、生れたものを、客観的に理解可能な数式や図、言葉など、科学知という、人類共有の知として組み立てていきます。このとき、当人が〃分かった〃からと言って、それは必ずしも科学的に正しいとは限りません。ある時ひらめいて、自ら納得した後、それを科学的筋道に沿って考えを整理していくうちに、それが間違いであったことを気付くことも多々あります。そして、その体験が、その人の〃内なる世界〃を成長させていくのです。

それは、子供がいろいろなものを感じ、考える中で成長していくのと同じです。

この図の左側の丸はそのまま「科学知」に、右側の丸は一人の人間の「科学の営み」に対応します。一人の人間に着目してみれば、科学のほかにも音楽、美術、思想、文学、所属している組織の論理、等々、いろいろな丸が、人それぞれの〝内なる世界〟と重なり合っていることになります。

私の恩師である佐藤利三郎先生が学部学生の時、ある大先生の講義の中で「マイナスの周波数」が出てきました。周波数というのは、1秒あたり何回繰り返すかを表す変数であり、それがマイナスであることは絶対におかしいと思った先生は、講義の後教壇に行き、このことを質問しました。すると大先生は若き佐藤先生の顔をじっと見て、「ああそうか、よく勉強しろ」と言ったそうです。大先生は、そのとき論理的筋道に沿って、学生を説き伏せることはできたのでしょうが、マイナスの周波数の概念は非常に本源的なものであるが故に、知識の付与ではなく、〝内なる世界〟で自ら分からせることを選んだのでした。このとき大先生は、質問した学生の探究心と理解力を見抜いていたことは言うまでもありません。

想定できない問題に遭遇したり、未知の領域に踏み込んだりした時に、この〝内なる世界〟、すなわち〝分かる〟の世界は重要です。なぜなら、それは、創意、創造、着想、発想、想像、物理的直感、生命的直感、などと言われるものが生れる世界であるからです。創意や創造は「類推」と「同定」が基になっていると言われています（湯川秀樹『創造への飛躍』「同定ということ」二〇一〇年）。「類推」は、自分が〝分かっている〟ことと眼前にある未知のこととの類似性に気付き、未知のことを自分なりに〝分かる〟ことです。「同定」は、あるものとあるものが基本的に同一だと思うこと、例えば、リンゴが落ちるのと万有引力による現象が同一の現象であると思うことです。

モーツアルトの歌劇「魔笛」の中で、次のような場面があります。パパゲーノという、全身を鳥の羽で覆った姿をしている鳥刺し（野鳥をつかまえて売ることを生業としている人）が、森の中で黒人の奴隷にバッタリ遭い、双方とも生れて初めて見る相手の姿に、化け物ではないかと腰を抜かしてしまいます。このときパパゲーノは、「黒い鳥だっているのだから、黒い人間がいてもおかしくない」と気を取り直します。これが「類推」です。「類推」も「同定」も、人それぞれの〝内なる世界〟のことであり、必ずしも科学的筋道に沿っているわけではありませんが、創意や創造、着想、発想の源になっているのです。

科学の世界では、〝内なる世界〟の産物の科学的客観化が必要ですが、例えば、芸術の世界や、我々の普段の生活では、その必要もありません。そこでは、個性や感性、美的感覚、空想力や夢、あるいは畏れのような感覚も、ますます重要です。達成感も、その人の客観的能力や相対的能力にかかわらず、誰しもがその〝内なる世界〟の中で得ることができます。この、人の〝さかしら〟を超えた〝内なる世界〟の豊かさは、その人の〝こころの豊かさ〟や〝暮しの豊かさ〟と直結しています。また、その人のこころの動きや倫理観とも一体です。ある一人の科学者や技術者、あるいは管理者が、ある場面でどう思い、どう行動するかということが、社会に大きな影響を及ぼすことを、この度の震災や、その後に起きた数々の事例により、我々は見せつけられました。このように、〝内なる世界〞は科学者や技術者にとっても、無縁ではないどころか、今や、最も重要なものなのです。

人を育てる科学技術者教育

戦後の高度経済成長期にあっては、鉱工業を中心とする産業界に、それを担う人材を供給し、また、我が国の経済成長の原動力となる技術を研究開発することは、工学系大学、工学系学部の最も重要な役割でした。そして現在にあってもそのことに基本的に変わりはありません。しかし、科学技術が〝工場の中の技術〞から、さらに、社会の隅々まで浸透し、良くも悪くも社会とそこに暮らす人々に影響を与え、今や、人々の生命と暮らしの根幹を握っていることを見逃すことはできません。科学技術者は自分が関わっている技術の限界や未成熟さ、その弊害や危険度、そこから得られた結論の不確かさ、あるいはその技術の将来の発展性等、それに関わった者でなければ知り得ない知見を有しています。それらの技術が社会で用いられるようとしている時、果たすべき役割はないのでしょうか。科学技術者にとって、社会との関わりが産業界だけである時代はとうに過ぎています。科学技術者は工業製品をつくり出し、それを世に送り出すだけでなく、それらが人間社会や地域社会の中に置かれたとき、社会にどのような影響を及ぼしているのかまで、自らが見届け、それを今後の研究開発に活かす必要があるのではないでしょうか。今、科学技術者は、科学・科学技術をその根底から問い直し、その視野を拡げる時に来ています。

　ではそのためには、これからの科学技術者教育はどうあるべきなのでしょうか。現代社会にあって科学技術は、社会、環境、人間、生命などと多様な関わりを持ち、その効果や影響を、確定的に予測したり評価したりすることができない、いわゆる「不確実な領域」へと進展しています。そこでは、想定されていない事態や、未知の事象に遭遇したときに、自分なりに創造性を発揮し対処できる能力や、既存の制度化され専門分化された枠組みを超えた領域への挑戦意欲が重要です。また、人間性と乖離しがちな現代の科学技術をつなぎ止めるのも科学技術者の重要な役割です。

　第3章でも述べたように、現在、科学技術教育は、「教育によって、何をどの程度できるようにするか」という〝スキル教育〟に重点が置かれる傾向にあります。そこでは、「単に知るのではなく、それを理解し、さらに使えるようにならなければならない」などと言われます。しかしその教育が、客観的、普遍的な〝知る〟の世界でのみ行われ、学生一人ひとりの〝わかる〟の世界、すなわち〝内なる世界〟につなげ、その一人ひとりの世界を育てるための教育や訓練が行われないのであれば、教育された人間は、確かに、他人のつくったマニュアル通りの仕事をこなし、組織にとって、その歯車として、即戦力になることはあっても、自分の個性や才能を十分発揮することができません。また、想定されていない事態や、未知の事象に遭遇したとき、自らの頭で考えて行動することもできません。ましてや、習っていない専門外のことについては、全く無力であるばかりでなく、人間としての行動すらおぼつかないものとなります。

　東北大学工学部電気系学科には、戦前より語り継がれてきた次のような寓話があります。曰く。昔、泥棒の親方が弟子を仕込んでいました。親方は弟子をともなって泥棒に入りつつ、錠前の開け方、家への入り方、逃げ方、等々、泥棒の数々の手口を見習わせていました。こうして何年かたったある日、親方は、「お前にはもう一通りのことは教えた。今日の修練が終われば免許皆伝とする。一緒について来い。」と言って、ある大きな屋敷の天井裏に上がり込んだそうです。親方は、下の部屋の床の間に置いてある厨子を指差し、「あの中には小判が入っている。お前はあそこに降りて行って、それを盗んで来い。」と言います。弟子は言われた通り降りて行って、首尾よく小判を懐に入れたその時、天井裏にいる親方は、こともあろうに、大声で「泥棒だ！　泥棒だ！」と叫んだそうです。家人の駆けつける中、弟子は血の気を失ってわけも分からず、それまで習ったことなど思い出す余裕もなく、ほうほうの態で逃げ帰ったそうです。そしてふと我に帰って、「俺は今まで習ったことは一通り習得していたと思っていたが、それはとんでもない間違いであった。習った筋書きに沿って出来るだけでは、出来ることにならない。」ということを覚ったということです。

〝わかる〟の世界に立ち入らなくとも、頭と記憶力が良ければ、他人の説明に沿って物事を理解し、一応使えるようにはなるものです。そして、実務上も多くの場合それで事足ります。稀な例ではありましたが、昔、ある学生が、ある事を分かっていないと思い、私はそれを確かめるために、ある質問をしたことがありました。すると案の定、分かっていないような答をしました。そこで、「お前はこれを分かってないのではないか」と言うと、当人は「分かってます」と言います。そこで方向を変えて別な質問をしてみると、やはり分かってはいないのです。そこでまた、「分かってないではないか」と言うと、当人はやはり「分かってます」と言うのです。どうも本人は、教科書や解説書に書いてあることをたどれることが〝分かった〟ことだと思っているらしいのです。確かに、教科書に書いてあることをたどることができれば、試験（問題にもよりますが）で合格点を取ることはできます。こうして、習ったことを〝分かった〟ことがないまま進学してきたらしいのでした。

頭と記憶力が良いと、自分の頭で考え、自分の言葉で話さなくても済みます。自分の頭で考え、自分の言葉で話すと、他人の考えたことを他人の言葉で話すよりも、どうしても稚拙になります。他人の考えたことを他人の言葉で上手に話せば、それは見かけ上、高尚になります。そして、自分でも高尚だと思ったりもします。しかし、上手に話すことではなく、稚拙な自分を稚拙でなくすることが勉学なのです。若いうちは〝知る〟の世界だけで済むかも知れませんが、マニュアルでは対応できないことに直面し、歳を重ね、狭い専門領域ばかりではなく、人間や社会との多様な関わりを持つ立場になると、他人を欺き、自らもおとしめることにもなってしまいます。

それでは、全身的、全人間的〝内なる世界〟を育てるにはどうしたらよいのでしょうか。先ずは、学生自らが主体的に、〝知る〟の世界と自分の〝内なる世界〟を結びつける習慣を持つことと、それを促す教育を行うことです。私が学生のときの学生実験に「コイルのインダクタンス[＊1]の測定」というのがありました。そこでは、学生に銅線と筒（ボビンという）を渡して、自分で銅線を巻かせ

（＊1）コイルに電流を流すと磁束が発生し電磁石になるが、その磁束の強さと電流の大きさの関係を表す定数。

てコイルを作らせます。そうして出来上がったコイルのインダクタンスを測定させるわけです。コイルの巻き方はそう簡単ではなく、人の性格や器用さによって、実に丁寧に巻く学生もいれば、乱雑に巻く学生もいます。そしてその巻き方によって、同じ回数巻いても、インダクタンスの測定値は異なってきます。コイルの形状、巻数とインダクタンスの関係の理論式はあるのですが、それは銅線を理想的に整然と巻いた場合の式であって、乱雑に巻いたらその限りではありません。学生は、自分の手と、巻く時の精神状態によって、実際の測定値が異なるのを、そこで浮かぶ数々の疑問とともに、実感することになります。これがもし、最初から理想的に巻いたコイルを与えて測定させれば、単に実験値が理論値と一致することを、頭で確かめて終わっているでしょう。このように、非常に単純な素子の測定でさえも、学生一人ひとりの〝内なる世界〟につなぐ道を用意しておくことは可能なのです。

納得のいかないことを納得のいかないまま、それを心の中に持ち続けることも重要です。あらゆることがすぐに〝分かる〟わけではありません。高校で虚数や微分、積分を習ったとき、それらを即座に〝分かった〟人は決して多くはないでしょう。ところが、大学までにそれらを分からないなりに何年か使っているうちに、そして他の〝分かる〟ことが増えてくるにつれて、ある時自分なりに〝分かる〟ようになるものです。自分なりの疑問を持ち続けることが大切なのは、科学に限らず、人間社会そして己の人生においても同じです。

他人の〝内なる世界〟を、実生活を通して垣間見ることも重要です。そこでは「１００人の伝記

より も1人の現物」と言われるように、友人や研究室の先輩が、自分が直面している具体的なことを、その人なりにどのように〝分かって〟いるか、勉強や研究の世界と、その人の〝内なる世界〟がどのようにつながっているかが、実物の人間の全体に接するうちに見えてくるものです。また、先生が、ある事を、どんな顔をして説明しているかを見るだけでも、その先生の〝内なる世界〟が垣間見えるものです。なかには、学問の世界と、その人の〝内なる世界〟がつながっていない人もいないわけではありませんが、反面教師であってもよいのです。

近年、教育の現場において、学生も先生も、己の〝内なる世界〟をお互いに見せない傾向が強まりつつありますが、これは大きな損失であると思います。なぜなら、教育とは、どんな教育であっても、単なる客観的な知識の付与ではなく、先生が、自分の〝内なる世界〟にある〝いのち〟を後進に託すことでもあるからです。知識の付与だけであれば、データベースで済むのです。

研究室あるいは研究所全体の雰囲気も、中にいる人の〝内なる世界〟の成長に大きく寄与するものです。「優れた研究所、研究室には優れた研究者が集まる」と言われていますが、それは、そこにいる研究者どうしが、研究に対する姿勢や生活等で、人間としてお互いに感化しているからです。専門が違っていても、人間の内面には相通じるものがあるものです。

科学技術教育というものは、一人ひとりの人間が、科学知に接することにより、〝内なる世界〟を拡げ、その結果として、その人なりの能力や技術を開花させるものであるべきです。科学知に接し、それによって、その教育が目指す6割以下のスキルしか獲得できなくとも、それによって、自分の〝内なる世界〟の中に、なんらかの思うところ、感じるところがあれば、その教育は、少なくとも、その本人にとって意味があったと言えます。また、同じ事を理解し使えたとしても、その〝分かり方〟は人それぞれです。そしてこの〝内なる世界〟は、その人の人間性や価値観、倫理観、人生観とも不可分なのです。

自分ごととしての人の道

現在、科学技術に関わる学会、学術団体の多くは、内外を問わず、科学者倫理、科学技術者倫理に関する綱領、大綱、ガイドライン等を制定しています。これは、現代の科学技術が社会に広く、深く浸透し、その社会的影響が大きくなっていること、科学技術・科学技術者が社会的責任を果たすための質を確保する必要があること、現代の科学技術が、分野によっては、経済活動と密接に連動しており、利権や金銭欲がらみの不祥事に結びつく場合があること、データの捏造や盗用などの研究不正が頻発していること、などによります。我が国の大学においても、ほとんどの工学系大学・大学院が、教育課程の早い段階で、科学者倫理、科学技術者倫理の教育を行っています。

しかし、それらの倫理教育が、客観的・普遍的な〝知る〟の世界にとどまっているのなら、すなわち、現実の世界で生き、自分が従事する科学技術と社会に関わる数々の不条理、疑問、組織との軋轢や板挟みなどのストレスを抱えた、一生命体としての自分と具体的に結びつかないのなら、そして、出世欲、名誉欲、名声欲、自己顕示欲、金銭欲、権力欲、支配欲等の現世欲の棲む、人それぞれの〝内なる世界〟の話になっていないなら、それは、自分ごとではない、お話的、教養的なものにすぎません。

筆者の経験によれば、大学教授と言われる人に限ったとしても、尊敬に値する人、尊敬に値しない人、そして、軽蔑に値する人、はては、軽蔑にも値しない人、すなわち、そのような人間について考える価値もない人までいます。理想的、道徳的素養を身につけた若者が入っていく現実の社会には、「世の中はきれい事だけでは済まない」とか、「正論は書生論」などと言い放つ識者が闊歩し、権力や地位を持っている人間ほど、自分の行動の自分に対する言い訳に手が込んでいるものです。

慣例や社会通念の時代的変化により、昔許されていたものが今では不祥事になることも多くなっています。それらに関する教育や周知徹底は重要ではあるのですが、普段我々は、法律を知っているから罪を犯さないわけではありません。特に、科学技術が引き起こす災禍の場合、法律やガイドラインの制定の多くは後追いです。科学技術者がこの災禍に加担したり、巻き込まれたりしないためには、法令・ガイドラインの遵守ばかりではなく、未知の事象に対する、人間としての自分なりの判断や対処が重要なのです。

科学技術者倫理の教科書には、科学技術以外の見識を深めること、特に、哲学、芸術、宗教等、人間の内面をみがくことの重要性に言及しているものも多くあります。しかし、手順を踏んで膨大な知識と能力を獲得してきた科学技術者、あるいは、獲得しようとしている学生にとって、専門外の膨大な哲学書や教典を一からひもとくことには、時間的にも、精神的にも、到底余裕がないのが現実でしょう。

ところが、人間の内面をみがくためには、そのための書を一からひもとかなければならないと思うのは、科学技術者の一種の職業病です。良寛は歌人としても高名ですが、ある時、ある人が、「良い歌を詠めるようになるためには、何を勉強したらよいですか」と尋ねたところ、良寛は「万葉集を読みなさい」と言ったといいます。そこでその人は「万葉集は私には難解でよく分かりません」と言ったら、「分かることだけで事足りる」と言ったそうです。人間をみがき、内なる世界を育むには、体系化された知識を得るのではなく、人間として、自分の腑に落ちること、今の自分が自分なりに納得できることに出会うことこそが重要です。自然界でも、自分では分からないことだらけなのに、自分のこころに響くことはたくさんあります。それらを大切にし、自分なりに探究していくことが大切です。

昔、妙好人と言われる仏教信者の天才たちがいました。彼らは僧や知識人ではなく、農民や職人でした。難しいお経や教義を唱えるわけではないのですが、大変信心深く、自分の頭で考え自分の言葉で話す日頃の言動は、ことごとく仏法にかなったものであったそうです。これも〝知る〟の世界ではなく、〝分かる〟の世界の話です。

制度化された専門分化が進む今日、倫理教育はその専門家にまかせておけばよい、まかせるべきである、という風潮があります。しかし、一人ひとりの学生や科学技術者が、自分の専門、実務、実践を通して、自分ごととして身に付けていくことこそが、むしろそれぞれの〝内なる世界〟を育む重要なプロセスではないかと私には思えます。このとき教師となるのは倫理教育の専門家ではなく、一人ひとりの研究指導者や研究室の先輩なのです。「100人の伝記よりも1人の現物」の科学技術者として、研究を遂行し指導するなかで、成果に目が行くのか、その前に、資料やデータの妥当性や信頼性にこだわるのか、といった科学的態度、取り組んでいる課題と社会との関係についてどれだけ向き合っているかという、その人なりの問題意識、その人の〝内なる世界〟の人間的葛藤、教育に対する姿勢、等々、その一つひとつの言動から垣間見えるものが、たとえそれが反面教師であったとしても、後進にとって大きな学びとなり、それが自分ごととしての人の道の修得につながるのではないでしょうか。

どうして道を誤るのか

現代の科学技術に対する認識

科学技術者はなぜ道を誤ってしまうのでしょうか。それは、先ず、科学技術と社会の関係に対する認識不足や認識の違いがあげられます。これまで述べてきたように、科学技術はすでにポスト・ノーマル・サイエンスの時代に入っており、その社会的影響は広範囲化、複雑化、複合化し、かつそれらは不確実で、現代の科学技術だけでは解決できないものが多くなっています。一方、科学技術は巨大化、細分化し、個々の科学技術者が直接関わっていることと、当該技術全体の社会的影響とのつながりが見えにくい、あるいは見えたとしても、間接的で、客観化、傍観化された情報になってしまっています。しかし、影響を受ける当事者にとっては、かつての公害等の数々の災禍と同様に、我が事であり、生身の問題であることに変わりはありません。

これに対し、科学技術者の中には、一九七〇年頃の「科学技術と社会の関係の第2コーナー」以前の、古典的な科学技術観を依然として持っている人も少なからずいます。すなわち、科学技術の発展はそのまま人々の福祉の向上につながり、それに何らかの問題が付随したとしても、科学技術がそれを解決できる、という楽天的な科学技術観です。また、科学技術の弊害はそれを用いる人の責任であって、開発する人の責任ではない、科学技術の発展そのものと社会で起きていることとは別箇のものである、あるいは、自分のやっていることと世に言われる科学技術の弊害とは関係ない、自分は眼前にある研究課題・開発課題に取り組んでいるだけだ、と、科学技術の負の側面や、その社会的影響を考えようとしない科学技術者も少なくありません。また、科学技術の社会的問題はその道の専門家がおり、自分の専門ではない、と思っている人もいます。

他方、科学・科学技術者は、自分の専門を通して世の中を見る性癖を持っています。しかし、そこから見えるものは世の中の一側面でしかありません。技術開発を専門とする人は、その技術が社会に用いられることばかりを考え、その技術が導入された社会や、それを用いる人間の目線でものを考えることや、想像力を働かせることをしない傾向があることも確かです。

しかし、東日本大震災では、殆どの科学技術者は、震災ならびに科学技術が引き起こした大小様々の事故やトラブルが、自分が携わっていることと何らかの関係があることを、専門家として、そして人間として実感したのではないでしょうか。平時では、それが表立って見えないだけなのです。

現代社会における科学技術のもたらす様々の災禍は、それが科学技術の内と外の相互作用によって引き起こされており、それは社会全体が考えるべきものです。このとき、個々の科学技術者の責務は何でしょうか。今日の科学技術は、専門家であっても、その中身が見えにくく、分かりにくくなっています。専門外の人はなおさらです。ですから、科学技術の外側にいる人達だけに任せておいてよいわけはありません。では、被害者、加害者などの当事者が考えればよいのでしょうか。しかし、当事者が誰であるかは、問題が発覚してから、深刻化してから明らかになっていくものです。科学技術の弊害や危険性、事故あるいは暴走などに関して、それらの可能性を少しであっても予見できるのは、具体的に考える対象や、それに対処するための技術や知識を持っている科学技術者しかいないのです。そして何よりも、自分が携わる技術の本質と、生身の人間や社会とのかかわりを、〝知る〟の世界ではなく〝わかる〟の世界、すなわち、自身の〝内なる世界〟を通して、人間としてつなげられるのは、それぞれの科学技術者しかいないのです。

組織の一員として

我々科学技術者は、第3章で具体例を述べたように、組織の一員であるが故に、科学技術者としての道を誤ることも多いものです。人は、制度化された社会、制度化された組織の中におり、それらの論理や価値観に、意識するしないにかかわらず、陰に陽に支配されているものです。例えば、社会の上層にある組織に所属していると、自然に上から目線でものを考え、話すようになります。周囲の業務や話題が上からのものであるからです。しかし、遂行する業務は上からのものであっても、その業務自体あるいはその是非を考えるとき、また、人間として、上からだけの目線でよいわけはありません。このように、人は無意識に、組織を背負った考え、組織の立場に立った見方をしてしまうものです。これは科学技術者といえども例外ではありません。そしてこのことが、ときには科学技術者としての道を誤らせることになります。特に工学系の科学技術者の多くは、自分の立場、持ち場をわきまえ、チームの一員として建設的に行動する、協調性のある人間です。このような人間は、その反面、組織の一歯車になりやすく、自分の所属する組織がやっていることを、組織の外からの目線で、批判的に見ることをしないことも多いのです。そして、組織内での最適解、例えば無批判にその組織に貢献したり、組織に都合のよいこと、あるいは組織内での自分の地位の向上や生き残りに資することを、科学的真理や事実に目をつぶってまで押し進めるたりすることにもなってしまうのです。また、そこまで至らなくとも、組織の論理と、自分の科学技術者としての信念や人間としての倫理観の板挟みになり悩むことになります。

営利企業の場合は、利益を追求する組織の論理と科学的真理は常に緊張関係にありますが、研究機関や研究組織、学術団体、あるいは行政機関や各種委員会などの場合はどうでしょうか。第4章

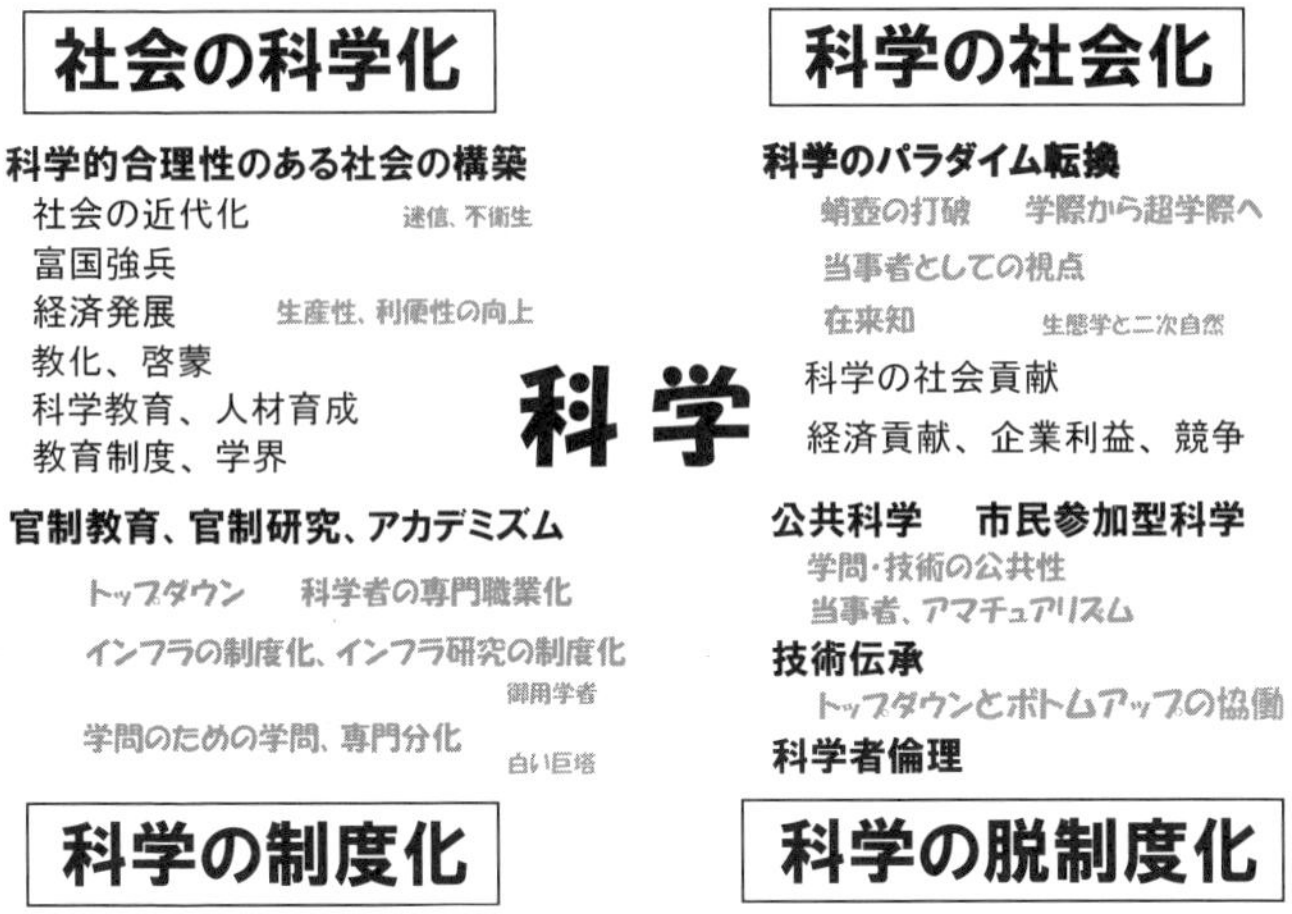

社会の科学化

科学的合理性のある社会の構築
社会の近代化　迷信、不衛生
富国強兵
経済発展　生産性、利便性の向上
教化、啓蒙
科学教育、人材育成
教育制度、学界

科学の社会化

科学のパラダイム転換
蛸壺の打破　学際から超学際へ
当事者としての視点
在来知　生態学と二次自然
科学の社会貢献
経済貢献、企業利益、競争

科学

官制教育、官制研究、アカデミズム
トップダウン　科学者の専門職業化
インフラの制度化、インフラ研究の制度化
御用学者
学問のための学問、専門分化
白い巨塔

公共科学　市民参加型科学
学問・技術の公共性
当事者、アマチュアリズム
技術伝承
トップダウンとボトムアップの協働
科学者倫理

科学の制度化

科学の脱制度化

図1　科学と社会の関係（再掲）：科学技術者の過ちや苦悩は、制度化された組織内でのことが多い。また、科学技術が関係する数々の災禍の多くは、その問題が、制度化された科学技術の枠外にあることが多く、その予見・予防や解決を難しくしている。

に示した科学と社会の関係（**図1**再掲）をもう一度見てみましょう。なお、第4章で述べたように、本書では、「科学」を、制度化された科学ではなく、「知あるいは真理を探究する営み」という最も広い意味で用いています。上に述べた、組織の一員であるが故の過ちや苦悩は、ほとんどの場合、本図の左下、すなわち制度化された科学技術、制度化された組織の内側の、あるいは、そこからの視点によることに起因しているものです。制度化された学術団体や研究組織は、その設置目的の明確化や予算の根拠、あるいは、棲み分けや既得権益との整合などのため、学問分野の定義や目的、手法などを定めています。しかし、それらを定めた時点で、必ずそれに含まれない部分が出てきます。制度化された科学は必ずしも科学の全てではありません。さらに、学問の中身や、それを取りまく社会情勢は日々変化しており、それに即応するには不断の見直しが必要です。しかし、確固たる組織であればあるほど、それは行われにくく、硬直化しているものです。科学技術者の過ちや苦悩は、このような制度化された組織内のことであることが多いものです。一方、科学技術が関係する数々の災禍は、その問題が、制度化された科学技術の枠内におさまらないばかりか、枠外にあることが多く、その予見・予防や解決を難しくしています。この点でも、科学技術者の、制度化された科学技術の枠を超えた視野が必要とされているわけです。

内なる世界の乏しさ

人がある場面でどう思い、どう行動するかは、その人の〝内なる世界〟によるところが大きいものです。人それぞれの〝内なる世界〟は、その人なりの納得や理解のほか、探究心や知的好奇心、挑戦意欲、そして、自己実現と達成感などの、科学技術者の営みの原動力となるものが生まれるところであり、また〝内なる世界〟は、感性や想像力、人間としての身の丈の感覚、自然や生命に対する畏敬の念、美意識、道徳観、倫理観、信仰心などが育つところでもあります。また、その一方で、出世欲、名誉欲、名声欲、自己顕示欲、金銭欲、権力欲、支配欲などの現世欲の棲むところでもあります。

近年、大学で高等教育を受けた人間の〝内なる世界〟が、どんどん小さく、また、どんどん貧しくなっているような気がします。このため、社会や組織の中にあって、自分の頭で考えず、〝知る〟の世界に逃避することにもなっているのではないでしょうか。しかし、若いうちは〝知る〟の世界だけで済むかも知れませんが、マニュアルでは対応できないことに直面し、狭い専門領域ばかりではなく、人間や社会との多様な関わりを持つようになると、数々の局面での判断力の低下や、モラル・ハザードにつながり、いろいろな不祥事を引き起こすことになります。また、普段の仕事が、自分の心根の外にあるがために、悩む個人が増える一因にもなっているのではないでしょうか。

道を誤らないために

科学技術者が思い悩むとき、あるいは過ちを犯すとき、自分が先駆者の栄誉に浴したい、自分が科学技術や社会、組織に貢献したことを認めてもらいたい、名声を得たい、権威ある地位につきたい、出世したい、金銭的利益を得たい、権力を握りたい、等々、意識的、無意識的に自分のことを思っているものです。

この「自分」に関して、昭和の傑僧 澤木興道は講話の中で、次のような逸話を紹介しています。曰く、あるところに、絵を書くのが上手な僧がいたそうです。ただ、金銭的に貪欲で、対価として高額な金を臆面もなく要求するので、評判がすこぶる悪かったそうです。ある時、ある高名な芸者がこれを聞きつけて、その僧を辱めてやろうと絵を注文し、客のいる座敷に持って来させました。

そこで書いてきた絵をさんざんけなしたのですが、その僧は動じることなく、「お金をもらえばそれでよいのです」と言います。そこでその芸者は、客の面前で、座敷中にお金をばらまくと、その僧は、それを丁寧に拾い集め、「ありがとうございます」と言って、平然と帰って行ったそうです。このことがさらに街で評判になったある日、その僧を以前からよく知っていた僧が、見るに見かねて訪ねてきて、「お前の絵は上等ではあるが、お前の評判はすこぶる悪い、それではお前はおろか、絵の値打ちも下がってしまう」とたしなめたそうです。すると、その僧が言うには、「自分の師匠が荒れた本堂の再建を志していたが、それを果たせなかったことを苦にして死んでいった。自分は師匠の思いを遂げてやりたい。また、どこそこの参道がひどく荒れていて、参拝に来た人々がいつも難儀しているので、その道を普請したい。このためには、どうしても金がいる。自分のことなどどうでもよいのだ。」と言ったそうです。これを聞いて、たしなめた僧は、恐れ入って引き下がったそうです。

法隆寺や薬師寺などを建立した飛鳥、白鳳時代の大工は、人目につかない屋根裏などの部材に、秘かに自分の名前を記したといいます。その大工にとって、自分の足跡を残しつつも、自分の名を世に知らしめることよりも、自分が一員として携わったその建造物が、末永くその価値を保ち続けることの方が重要だったのでしょう。科学技術の論文は、それがよほどのものでない限り、たとえ発表された当初は脚光を浴びたとしても、数年、長いものでも数十年で色あせてしまうものです。これに対し、現存する飛鳥、白鳳の建造物は、実に千数百年もの間、幾多の大地震や大嵐に耐え抜き、現在もその輝きを失ってはいません。そして、このことこそが、これらの建造物を建てた大工達の願いでした。「自分」のことよりも大きな願いであったのです。

先の僧の話は極端な例ではありましたが、この飛鳥、白鳳時代の大工の話は、我々科学技術者、とりわけ工学系の科学技術者にとって共感するところが多いのではないでしょうか。確かに、科学技術者にとって、功名心や競争心は、その人の科学技術の営みにとって、大きな原動力になります。しかし、己の名や欲のために、研究不正をはたらいたり、科学技術者の道を踏み外したりするのでは本末転倒なのです。

人は誰でも、それぞれの社会、それぞれの組織の中で、訳も分からず無我夢中で働き、またそれぞれの〝内なる世界〟の中で迷い、また悩んでいるものです。その迷いや悩みは人それぞれであり、何が正解かはおろか正解があるかどうかも分からないことも多いものです。これは科学技術者であっても同じです。

では、そのような世の中にあって、我々科学技術者は、何を拠り所として生きていけばよいのでしょうか。野球をやらないのでは野球選手ではないように、真理の探究を第一義としないのでは、また、科学的真理や分からないことに対する畏れと謙虚さがないのでは、科学技術者ではないのではないでしょうか。科学的真理は、その時代の社会や組織、あるいは自分にとって、つねに都合のよいものとは限りません。馬を鹿と言い、裸の王様がいるのが現実の世の中です。馬を馬と言い、裸の王様を裸だと言い続けられる人を、人類は必要としているのです。科学技術者は、能力と社会的地位のある者の責務として、何が人類のためか、社会のためかという重い命題を、たとえ答えが得られなくとも、頭の中心で考え続けるのでなければならないのではないでしょうか。いやしくも、組織や組織をあずかる自分、あるいは組織の一員としての自分の現世欲のために、自分を用いるのであってはならないと思うのです。

それでも科学技術者は、その立場や状況によって、自分の知るところの科学技術だけでは確定的に答えが出せないような問題に対して、判断や対処をしなければならないことも多いものです。このとき、その判断や対処が、真理の探究を第一義とし、未知のものに対する畏れと謙虚さを併せ持つ、科学技術的視点に立ったものなのか、それとも、社会の都合、組織の都合、あるいは自分の都合を織りまぜたものなのかを、科学技術者として自分の中で峻別しているのでなければならないと思います。科学技術者には一定の社会的影響力があり、その発言や判断は科学的根拠に基づいているように見えるものです。もし、それが、科学技術的視点ばかりに立ったものでないとするならば、他に対してそのことを明示し、誤解や悪用がないようにつとめなければなりません。

現在制度化された科学だけが科学ではなく、時流に乗っている科学だけが科学ではありません。科学的真理は、世の流れに動じない川底の巨岩のようなものです。この川底の石は、時には世の流れの変化によって干上がり、川べりの巨岩になるかも知れません。しかしこれらの石は、ビーコンのように、流れに翻弄されている人々の位置を知らせてくれるのです。

そしてまた、科学・科学技術者は科学・科学技術者である以前に、生命体としての身の丈の感覚と感性を持つ人間でなければならないのではないでしょうか。我々は、科学技術と社会との関わりを人間として受け止められる人、そして、科学という絶対尺度を持つ人間として、たとえ稚拙であっても、それらを自分の営みに生かせる人でありたいと思います。

私の父は判事でした。父の仕事場である部屋の床の間にはずっと次の詩が書かれた掛け軸が下がっていました。

東ニ病気ノ子供アレバ　行ツテ看病シテヤリ
西ニ疲レタ母アレバ　行ツテソノ稲ノ束ヲ負ヒ
南ニ死ニソウナ人アレバ　行ツテコハガラナクテモイ、トイヒ
北ニケンクワヤソシヨウガアレバ　ツマラナイカラヤメロトイヒ
ヒデリノトキハ　ナミダヲナガシ
サムサノナツハ　オロオロアルキ
ミンナニデクノボウトヨバレ
ホメラレモセズ
クニモサレズ
サウイフモノニ

ワタシハナリタイ

父が任官して間もなく、字の上手な書記官に書いてもらったものだそうです。小学校に入り、字が読めるようになって、その意味を子供ながらに考えたりしていたものでしたが、これが宮澤賢治の詩「雨ニモマケズ」の後半部分であることを知ったのは小学校の高学年になってからでした。そのときは、前半部分の方がカッコいいのに、なぜ後半部分なのだろうかなどと思っていました。

私が専門家と言われるような人間になり、その後の研究を通していろいろな地域に出入りし、自分の専門を超えた地域社会のことを考えるようになって、やっと、父がなぜあの詩のあの部分を生涯にわたり書斎にかけていたかが分かりました。

もし、現代の生半可な専門家や行政官がこのような場面に接したら、さしずめ次のようになるでしょう。

東に病気の子供あれば
病院に行って診てもらえと言い
西に疲れた母あれば
企業を誘致してそこに勤めれば、
一日中座って仕事をしてられると言い
南に死にそうな人あれば
都会では高度医療が発達していると言い
北に喧嘩や訴訟があれば
有力者を紹介してやろうと言い

日照りのときは　　　　　　　　地球温暖化だと言い
寒さの夏は　　　　　　　　　　エルニーニョだと言う

ここまで考えたとき、この詩の前半にすごいことが書いてあるのに気付きました。

アラユルコトヲ
ジブンヲカンジョウニ入レズニ
ヨクミキキシワカリ
ソシテワスレズ

専門家というものは、あらゆることを自分の専門に照らして見聞きし、理解する性癖をもっています。すべてをお金に置き換えてものを考えると、お金では置き換えることのできない大事な価値を見落とすように、自分の専門を通してものを理解すると、人々の本当の思いや願いを知ることができません。子供や母がそのときに何をしてもらいたいか、どのような思いか、自分を勘定に入れずに、人間としてよく見聞きしわかり、その上で、そのことを忘れずに、自分の専門や立場に照らして自分のできることを考えるのでなければならない、と法律家である父は自分を戒め、それを一生の座右の銘としていたに違いないのです。我々科学技術者にとっても同じなのではないでしょうか。

私は、科学技術の発展に関わる全ての人々が、その技術を一生命体としての自分自身の〝内なる世界〟とつなげようとしてみることが大切であると考えています。そのつなぐ糸はごく細いかも知れません。今はどうしてもつながらないかも知れません。しかし、その努力は、割り切って競争に勝つことや利益を上げることだけを考えることとは大違いです。現実の社会において、同じことをやるにしても、その細い糸、あるいはつなげられないという疑問は、科学技術を人類のための技術に導く命綱になると思っています。

あとがき

「まえがき」にも述べたように、本書は科学・科学技術や技術者倫理に関する論評でも、普遍的・客観的知識をまとめた教科書でもありません。科学・科学技術の歴史や意義が学術的に論証されるには、多くの研究と長い年月が必要ですし、それ自体が歴史によって変遷していくものです。この意味でも、本書で述べたことは私見に過ぎません。私なりに関連資料を調べ直し、確かめながら、私の見方を私の言葉で述べてきましたが、そこには誤りや認識不足の点が多々あると思います。また、科学・科学技術の分野によってその見方も大きく異なってくるでしょう。しかし、我が国の工学の一分野において長年教育・研究に携わってきた一学究が、科学・科学技術についてこのような見識を持つに至ったこと、また、この時代に、このような見識を持った教育・研究者が存在していること自体は事実です。

読者の中には、著者は一体何者なのかと思われる方も多いと思います。そこで、本書のあとがきに代えて、私自身のことを、本書で述べたことと関連づけて記してみたいと思います。

私は、第2次世界大戦後の一九四七年に生を受けました。いわゆる団塊の世代です。科学技術と社会の関係が、本書で言う「第1コーナー」をまわった頃でした。大戦で鬱積していた諸々の芸術・文化が世界中で一斉に開花し始めた時代でもありました。人々は科学技術の発展に大きな期待を抱いていました。私は子供の頃、雷が大変怖かったのですが、父は怖がる私を見て、雷の発生原理や、雷鳴と電光の到達時間差から雷までの距離が分かることなどを説明してくれました。それによって、怖さが大分おさまったのを憶えています。私の生きものとしての感性と、科学という理性の出会いでした。

小学校二年生の頃、家族で映画「ゴジラ」を見に行ったことがありました。当時問題になっていた、核実験による放射能汚染により、怪獣が生まれて日本に来襲し、それを科学的手段で退治するという話で、子供たちは超満員の映画館で、大人の制止にもかかわらず、絶叫しながら見ていたものでした。この映画には2種類の科学者が登場します。一方は恐竜を研究する地質学者、他方は最新のガイガーカウンターを操作し、放射能汚染されたゴジラの足跡を探る科学技術者です。この映画が影響してか、小さいときから昆虫採集が好きだった私の兄は後年、地質・古生物学者に、そして工作が好きだった私は電気計測学を専門とするようになりました。

私は理科や図工は好きでしたが、算数は苦手でした。まさに、本文で紹介した寺田寅彦の世界でした。頭があまりよくないために、先生の言う通りにたどることができず、自分なりに分からないと気が済まなかったのだと思います。

ラジオやアンプなどの電気工作が好きな私は、必然的に大学は工学部に入学し電気系に進学しました。東北大学工学部です。大学紛争が盛んな時で、方々で学生どうしいろいろな議論を行っていました。私は、体制／反体制などの組織化されていた二項対立的な議論を好まず、老荘思想などの東洋思想にひかれていきました。その頃は、人の作り話になど感動したくない、と小説はあまり読まなかったのですが、当時理系の学生の必読書と言われていた、寺田寅彦、中谷宇吉郎、湯川秀樹、朝永振一郎、牧野富太郎などの科学者の随筆は随分読み込みました。科学者の〝内なる世界〟にこの頃から関心があったのでした。科学・科学技術が過度に専門分化される前のこれらの科学者の、人間としての広い視野と深い洞察は、逆に、ポスト・ノーマル・サイエンスの時代に入った現代の科学・科学技術と科学・科学技術者に多くの示唆を与えてくれています。湯川秀樹が老荘思想に造詣が深かったのは有名ですが、私が老荘思想、そして後年、老荘思想と関連の深い禅の思想、とりわけ良寛や澤木興道、板橋興宗などにひかれていったのも、このあたりが原点かも知れません。

卒業論文から博士論文まで取り組んだ課題は録音機に関するものでした。当時の録音機は強磁性体を用いた「磁気記録」でしたが、私の研究テーマは、「強誘電体」という物質を用いた「強誘電体記録」を開発しようというものでした。強誘電体は、強磁性体と同様の記憶機能を持つ絶縁体です。私の入った研究室は「伝送工学」すなわち信号を伝送するための回路や通信回線、アンテナ、通信方式等の研究を行っている研究室でしたが、〝時を越えて信号を伝送する〟という意味で、数年前からこの「強誘電体記録」の研究が始まっていました。難しい数式を多用する他の研究テーマに比べて〝もの〟に即して分かりやすく、私の好きだった実験が主体であったことから、このテーマを選んだわけです。多くの研究実績とノウハウの蓄積のある、他の研究テーマと異なり、始まったばかりのマイナーな研究でした。国内はおろか、世界的にも研究がほとんど行われておらず、それまでのわずかな研究実績を基に、全てを自分たちで考えていかなければなりませんでした。また、必要な装置も他の研究室から借りてくるか、使わせてもらいに行かなければなりませんでした。我々の考えも、用いている技術も稚拙でした。このテーマの選択は、その後、私に数々の悲哀を味わわせることになりました。

当時すでに、磁気記録は技術的完成度が高く、重要な情報記録・記憶手段として産業化され、世界的に実用化されていました。これに比べ、我々が実現していた強誘電体記録は、用いている技術、性能、実用性、コストパフォーマンス等、何をとっても見劣りするものでした。友人からも「何でお前はこんなことをやっているんだ」とか、「こんな研究テーマでは博士課程には行けないな」などと言われ、指導教授であった佐藤利三郎先生も、先輩教授から「何で学生にあんなことをやらせてるんだ」と怒られる始末でした。研究そのものは大変面白かったのですが、「何故この研究をやるのか」、「どういう意義があるのか」、「やる価値があるのか」、という自問自答が日々続きました。先生に聞いても、「原理の異なるものは研究する価値がある」とか、「お前は研究をやりたくないのか」と言われるばかりでした。それでも未知の現象を発見・解明し、また、新しい記録・再生方式を考案して記録特性を大幅に改善することに成功し、博士論文としてまとめることができました。しかし、現在にあっても強誘電体記録は世の中で実用されていません。「死の谷」を越えられない技術なのです。それでもニーズの変遷や周辺技術の発達により、十数年に一度くらい〝未来の情報記憶技術の本命〟などともてはやされることがあり、誰かが私の博士論文を見に来たり、話を聞きに来たりしたことも何度かありました。この研究は商品開発としては失敗でしたが、科学技術の研究開発としては、やる価値があったと今でも思っています。

学位取得後、研究は〝破壊現象の計測〟に移っていきました。当時、化学プラントの圧力容器や発電タービンの破壊事故が問題となっており、その予知や現象の解明が求められていました。この研究は材料強度学・破壊力学を専門とする機械工学科の鈴木正彦先生・高橋秀明先生の研究室との共同研究でした。材料の破壊を予知・検知するのに、材料の変形ともない発生する微少な音（アコースティック・エミッション）の計測が有望視され、それを検知するための素子には、私が研究していた強誘電体が用いられていたからでした。この電気と機械の境界領域の研究では、私はその両分野の隔たりの大きさを体験することになりました。ある問題に対して相手は、「それは電気の研究分野ではないか」、というのですが、電気の専門の立場からすると、「そんなものは研究分野でも何でもなく、もっと高尚な問題を研究しているんだ」、ということになります。私が、「これは機械の研究分野ではないか」、と言うと、同じような答えが返ってきます。今にして思えば、「制度化」された学問分野の狭間の問題を我々は研究していたのでした。

一九八〇年頃、破壊力学の概念を地下に適用し、工学的に地熱開発をしようというプロジェクトが、機械工学科の阿部博之先生（後の東北大学総長）の下で始まり、私はその計測関係の研究を担うことになりました。機械工学、電気工学、資源工学の境界領域の共同研究です。この時から研究対象は人工物ではなく、自然界になりました。まさに、地下という不確実なものを対象にする、ポスト・ノーマル・サイエンスへの一歩でした。以降、国内外の地熱開発に関する計測実験等で、いろいろな地域に出入りするようになりました。計測というものは、あるものをただ測定すればよいというものではありません。そこでは「何のために測定するか」ということ十分に考えなければならず、そしてそれ以前に、測る相手を十分に理解しておかなければなりません。このために、私にとって専門外の、地下に関することを自分で随分勉強しなければなりませんでした。「何のためにするか」、これは修士・博士研究のとき連日頭の中心で考え続けてきたことで、それ以降、何をやるにしても考える癖がついていましたので、このときも、そしてその後の研究・教育でも、その癖が大いに役立ちました。もっとも、「何のために」も「相手を知る」についても、科学技術の枠内でのことでした。これが、人間社会にまで考えが及ぶには、さらに年月が必要でした。

この地熱開発プロジェクトの縁もあって、私は電気工学科から資源工学科に移籍しました。数々の栄光のある東北大学電気系という大組織から飛び出すことは、後から考えると、そこに所属することによる庇護や権益、社会的影響力等を放棄することになるのですが、当時は「カタツムリどこに行っても家の中」とばかり、そのようなことは気にも止めませんでした。もっとも、優秀な人材がしのぎを削っているそのような大組織の中で、私が生き延びられたかどうかも分かりませんし、そのような恩恵が及ぶ年齢を超える人生まで考えると、その時の判断は間違ってはいなかったように思います。この時も、澤木興道の語った数々の逸話や、権威的組織から飛び出し、自らの信ずる道を歩んだ良寛へのあこがれも頭の根底にありました。

資源工学科に入って歓迎はされたものの、普段自然界を相手にしている人達の中で、私は大いに異端視されることになりました。私も、今考えると、無知もかえりみず随分幼稚なことを主張していたように思います。生かじりの科学技術者、それも不確実性の少ない人工物だけを相手にしている人間は、「一を聞けば十を知る」とばかり、何でも分かったような気になりがちです。私もその域を出なかったようです。

それでも、地下の工学的開発のための計測技術の開発は当時新分野でした。私は資源関係の既存学会の中にグループを立ち上げ、研究の現場にいる若手研究者を対象とした、既存学会、既存学科、そして大学、産業界の枠を超えた一連の研究会を始めました。そこでは、会ごとにテーマを設定し、それに関して問題意識を持つ研究者に声をかけました。年1～2回開催したこの研究会には、参加者は手弁当であったにも関わらず、毎回、数十人が参加し、問題の本質に迫る議論が熱心に行われました。本研究会に参加すること自体、各参加者の業績に直接つながるわけではないのですが、私を含め、研究者として得るところが多い研究会であったと今でも思います。

このような体験から、一九九三年、私はある助成金を受けて、国際共同研究を立ち上げました。この頃、地熱の工学的開発に関する大規模なプロジェクトが世界各地で行われていました。この国際共同研究は、各プロジェクトにおいて微小地震による地下計測の研究に携わる研究者が、それぞれが取得した生データと解析手法を持ち寄り、計測手法の進展と、それらの各プロジェクトへの貢献を目指したものでした。これは、本書第2章で述べた「優位な研究環境」の一つの創出であり、また、上に述べた研究会の国際版でもありました。コアメンバーは、私が研究者の駆け出しの頃、国際会議で知り合い、自分たちの持っている問題点を語り合った、同年代の研究者たちでした。この国際共同研究は、下手をすると、各プロジェクト間の業績争いやノウハウの流出等の利害対立も生じかねないものでしたが、メンバー間でお互いの信頼関係に立った取決めを設け、大きなトラブルもなく十数年続けることができました。私は極めて国際的にこの共同研究を運営したつもりだったのですが、個人主義で功名心や業績指向の強い欧米の研究環境で育ったメンバーからは、極めて東洋的だと写ったようです。私は、それまでの学科の枠を超えた共同研究で、専門性というものは当人が意識しないうちに染み出てくるものだと感じていましたが、地域性やお国柄というのもそういうものだということを知りました。

それまでの地熱開発に関する研究や学会活動等を通して、産業界ばかりではなく、専門家として地域や社会とのいろいろな関わりも持つようになりました。そのとき、「何のために地熱開発の研究をするのか」という問いに対して、当時の私は、「必ずや人類のためになる」とか、「社会のためになる」という、「科学と社会の関係の第1コーナー」前後のビッグサイエンスの、楽観的な科学技術観に、そして、「地熱開発やその研究を推進する立場だから」という組織の論理に立ち、それ以上深くは考えてはいなかったように思います。特に工学者は、自分が今取り組んでいる技術をとにかく進展させ、それを他に売り込むことが第一の、「手法屋」に陥りがちです。他の手法については、それをやっている他の研究者が主張すればよいとの考えです。しかし、その一方で私は、「地域のエネルギーにしても、その利用方法にしても、他にいろいろあるのになあ」と、こころの底でつぶやいていたことも事実でした。

二〇〇三年の東北大学大学院環境科学研究科の設立と、それにともなう移籍は、私の教育・研究活動の大きな転機となりました。それは、これまでの工学から離れて、エネルギーや地域のこと、科学技術のことを考えることでした。当時、学内の各研究科では、それぞれ環境に関する研究をすでに行っていたのですが、私は、国民の税金と世の付託を受けて、新しく設立された教育・研究組織では、既存の組織ではできない教育・研究を行わなければならない、との気概で、これまでの自身の地熱エネルギーの研究の延長ではない研究領域に踏み出しました。しかし、それは再び、これまで積み上げてきた実績や知的体系という建物から飛び出し、ゼロから出発することを意味していました。〝地域のエネルギーを地域のために最大限利活用する〟、*EIMY*（Energy in My Yard）という概念に思い至り、そうであった時代、そうなっていない現代社会、そしてそれを実現するための道筋について考究する研究を開始したのです。しかし、地熱開発等で地域に入った多くの経験はあるものの、そこで見ていたものは地下の世界であり、地上の人間社会までは見ていませんでした。それは環境社会学や民俗学の分野でした。研究業績を上げることは、地下計測等のこれまでの研究分野で行い、地域に入り、地域のエネルギーを軸にして、地域と真正面から向き合うことにしました。これまでの経験から、同じことをやったとしても、文系の研究者とは異なった視点やアプローチが生れるはずだと思ったからです。そこには実に多くの失敗と学びがありました。本書第3章の

「地域に入る科学技術者」の内容は、地域での私自身の失敗と学び、そして私が見聞した地域に入る他の研究者の振る舞いをもとに述べたものです。また、拙著『地産地消のエネルギー』（二〇一一年）には、*EIMY*とその研究経緯について述べていますので、興味がおありの読者は参照して頂ければと思います。

*EIMY*の研究に手応えを感じ始めた二〇一一年、東日本大震災が発生しました。それは、工学を卒業したつもりになっていた私に、到底卒業には値しないことを知らしめるとともに、科学技術そして地域社会についてより深く考えさせるものでした。また、それまでの研究や教育、組織の管理運営、そして、専門家としての社会との関わりの中で感じてきた、科学技術そして科学技術者としての工学者のあり方についての、私の中の問題意識を一層際立たせるものでした。本書で焦点を当てた、科学技術の内と外にいる人の認識の隔たり、制度化された組織や分野の中にいる科学技術者の犯しやすい過ちなどです。第3章で述べた事例の多くは、私自身の〝内なる世界〟の中にもその芽が存在し、一歩間違えば、同様の過ちを犯したであろうことばかりです。

東日本大震災では、私たちなりに、全国から届けられた支援物資を被災地に届けました。大自然の脅威と惨状を前に、私はただ自分自身の無力さを感じるばかりでした。私の行っている活動などは、砂漠にスポイトで水をたらしているようなものでした。それでも、そのスポイトの水の滴の落ちたところの砂が、わずかながら潤ったのではないかと思えたことが救いでした。

地域というものは、良くも悪くもそれぞれいろいろな個性と特色を持っています。それぞれの地域の中で人々は、これまでいろいろな問題を抱えながらも、工夫し妥協しながらその地域に住み着いてきたのでした。地域にとって、一般化された論理や普遍化された知識は、何かの役に立つことはあっても、それが全てではありません。ましてや被災地の状況は浜ごと地域ごとに、また人それぞれで大きく異なっていました。未曾有の事態にあって、それらは被災者自身の実態とはかけはなれたものでした。地域はそれぞれの虹色を持っています。そして、その虹色の世界は、人間の〝さかしら〟を超えて、その身そのまま大自然の摂理に直結しているのではないか。それぞれの地域の復興や再生は、普遍化された灰色の論理を一様にあてはめることではなく、それぞれの地域がそれぞれの虹色に輝くことではないか、と被災地に立って思ったものでした。東日本大震災は、科学技術と人間社会に関するさらに重い命題を私に突きつけたのでした。

地域の虹色の模式は、現代社会にあって、そのまま個人にもあてはめることができます。なぜなら、人それぞれの〝内なる世界〟、〝分かる〟の世界は各人各様で虹色だからです。そしてその世界は、科学する世界であり、人それぞれの夢や豊かさを創造する世界、その人の一生命体としての人間性と一体の世界です。画一化され、自己を見失いがちな現代社会にあって、人それぞれの〝内なる世界〟を育み、それぞれの虹色を輝かせることが、今後ますます重要になっているのではないでしょうか。

本書が、科学技術者の皆さんの〝内なる世界〟に響く何かをお示しできたのであれば、そして、科学・科学技術者を目指す皆さんの〝内なる世界〟に何らかの火を灯すことができたのであれば幸いです。また、たとえそれが砂漠に落とすスポイトの水の一滴であったとしても、科学技術の内側の人々と外側の人々をつなぎ、科学技術の健全な発展と人類の福祉の向上のためになるのであれば嬉しく思います。

本書を執筆するにあたり、各方面のいろいろな方から御意見を頂戴しました。特に、鈴木陽一先生（音響工学）、菊地直樹先生（環境社会学）、久保田絢先生（コミュニケーション学）には、原稿の細部にわたり読んで頂き、貴重な御指摘を頂きました。また、妻の眞理子とは、しばしば一緒に地域を訪れ、山に入り、また同じ本を読んで、私の見えないものについて語り合っており、それが大いに役立ったことは言うまでもありません。最後に、私にいろいろなことを教えて下さった全ての皆さまに感謝致します。

平成三〇年　八月

著者しるす。

参考図書

本書でとりあげた事柄の多くについては、いろいろな書籍や文献があり、またインターネットにも掲載されていますので、詳細はそちらを参照して頂きたいと思います。ここでは、本書の内容に特に関連が深い本と具体的に引用した本について紹介したいと思います。

松木純也著『基礎からの技術者倫理　わざを生かす眼と心』（電気学会、二〇〇六年）
この本は工学を学ぶ人を対象とした技術者倫理の教科書として、科学技術の歴史と社会とのかかわり、科学技術者の社会的責任などについてよくまとめられています。また、巻末には電気学会が制定した行動規範が記載されています。

ジェローム・ラベッツ著　御代川貴久夫訳『ラベッツ博士の科学論—科学神話の終焉とポスト・ノーマル・サイエンス』（こぶし書房、二〇一〇年）

伊東俊太郎・広重徹・村上陽一郎著『思想史のなかの科学　改訂新版』（平凡社ライブラリー、二〇〇二年）

稲盛和夫編『地球文明の危機』環境編・倫理編（東洋経済新報社、二〇一〇年）

これらの本は、現代文明社会から、科学や科学技術の発展の歴史とその意味を問い直したもので、一読をお薦めします。本書はこれらの科学史観によるところが多いのですが、それらを私なりに咀嚼する過程で何らかの誤りがあるかも知れません。それらの判断は読者に委ねたいと思います。

菊地直樹著『蘇るコウノトリ　野生復帰から地域再生へ』（東京大学出版会、二〇〇六年）

「科学の社会化」の例として本書で取り上げた、コウノトリの野生復帰の取組みに関して環境社会学者の菊地が著したものです。コウノトリの郷公園のある豊岡市では、「科学の社会化」のほか、地域と一体となった「脱制度化」された活動が始まっています。

岩本通弥・菅豊・中村淳編著『民俗学の可能性を拓く――「野の学問」とアカデミズム』（青弓社、二〇一二年）

地域で実践的な活動を行っている民俗学者が、アカデミズムから「脱制度化」された「野の学問」の必要性を説いた本です。第7章には、鬼頭秀一の「民俗学における学問の『制度化』とは何か――自然科学の『制度化』のなかから考える」と題した優れた論考が掲載されています。

中村桂子著『科学者が人間であること』（岩波新書、二〇一三年）

生命科学者である中村桂子が、東日本大震災の後、科学者のありようと近代科学技術文明を問い直した本です。この本の影響も受け、私が主に工学者の視点から書いたものが本書ですので、内容は異なっているとは言え、科学技術と人間性との乖離など、この本と共通したものが流れています。中村は、「科学知」を〝死物化〟したものととらえていますが、これは私が「科学」と「科学知」を分けて考えているのと同じです。また、中村は「知る」と「分かる」の違いとその重要性について述べていますが、本書においては、中村の考えも踏まえ、私の考えた図で私なりに説明しています。本書と併せ、是非一読をお薦めしたい本です。

有田正規著『科学の困ったウラ事情』（岩波科学ライブラリー、二〇一六年）
　近年の我が国における科学・科学技術者の置かれている現実とその問題点を現場目線で具体的に書かれた、本書とも関連の深い本です。

NHK　ETV特集取材班著『原子力政策研究会　100時間の極秘音源　メルトダウンへの道』（新潮文庫、二〇一六年）
　残された録音記録から、我が国における原子力エネルギー政策の決定過程と原子力発電の歩みについて赤裸々に書かれています。この本には、科学者、産業界の科学技術者、科学技術者出身の政治家、官僚、マスコミ関係者等、科学技術の内と外にいる人々が登場しますが、自分をそれぞれの立場に置いて読んでみると、科学・科学技術者と社会との関わりについて自分事として考えさせられます。

湯川秀樹著『創造への飛躍』（講談社学術文庫、二〇一〇年）
朝永振一郎著『朝永振一郎著作集1　鳥獣戯画』（みすず書房、一九八一年）
寺田寅彦・中谷宇吉郎著『物理学者の心』、学生社（一九六六年）
佐藤達夫・佐竹義輔監修『牧野富太郎撰集』1、東京美術（一九七〇年）
　これらの本は、私が学生の頃、理系学生の必読書と言われたもので、いずれも科学者の〝内なる世界〟が描かれた良書です。著者は「科学技術と社会の関係の第1コーナー」前後の研究者ですが、「第3コーナー」をまわって、科学技術と人間性が乖離し始め、また、ポスト・ノーマル・サイエンスの時代になった現代社会にあって、逆に、我々に多くの示唆を与えてくれます。本書第5章にも一部引用しましたが、若い読者には是非1冊でもふれて頂きたい本です。

澤木興道著『禅談』（ちくま文庫、二〇一八年）

澤木興道は昭和の傑僧として、厳しい修行と後進の指導のかたわら、各地で一般の人々を相手に多くの講話を行っており、この本もそれらの一部をまとめたものです。この本でも、世俗欲に迷う人間が道を求めることについて、いろいろな逸話とともに語られていますが、〝道（仏道）〟を〝学問〟すなわち〝科学的真理の探究〟に置きかえると、そのまま、世俗欲に迷う、我々科学・科学技術者のあり方として受け止めることができます。

西岡常一・小川光夫・塩野米松著『木のいのち木のこころ―天・地・人』（新潮文庫、二〇〇五年）

西岡常一は、法隆寺金堂、薬師寺西塔などの再建を果たした宮大工棟梁で、木に生き、木を生かす名匠として高名でした。その話には現代の科学技術者にとっても多くの響くものがあります。その匠の技術や精神は、複雑な構造や多様な材料を扱えるようになりつつある現代の科学技術、そして科学技術者にとって一つの目標ともなり得るものです。また、第4章にも述べたように、このような技術領域は、「脱制度化」した科学が発展し、包含すべき領域なのではないかと私には思えます。

新妻弘明著『地産地消のエネルギー』（NTT出版、二〇一一年）

工学者だった私が、*EIMY*（Energy in My Yard：地域のエネルギーを地域のために最大限利活用するエネルギーシステム・社会システム）という概念に思い至り、それを実現しようと地域に入り、そこから多くのことを学んだ、私の成長の記録です。

新妻弘明著『ノコギリストの詩』（日本EIMY研究所、二〇一四年）

昔、薪や炭を自給していた時代の人々の苦労とこころの豊かさを、自らの体験を通して知ろうと始めた、ノコギリと斧による木の伐り出しと薪づくり、そしてそこから見えた現代科学技術の光と影を描いたエッセーです。

【著者略歴】

新妻　弘明（にいつま　ひろあき）

東北大学名誉教授。工学博士。専門はエネルギー・環境学、電気・電子計測、地下計測・探査、再生可能エネルギー一般、地熱・温泉熱・地中熱利用、木質バイオマス利用など。昭和 22 年秋田県生。昭和 50 年東北大学大学院工学研究科電気及通信工学専攻博士課程修了。東北大学工学部・大学院工学研究科教授、東北大学大学院環境科学研究科教授・研究科長、文部科学省工学視学委員、日本地熱学会会長、国際地熱協会理事などを歴任。著書に「電気・電子計測」「地産地消のエネルギー」など。

科学技術の内と外

Inside and outside of science technology

2019 年 3 月 22 日　初版第 1 刷発行

著　者　新　妻　弘　明

発行者　久　道　　茂

発行所　東北大学出版会

〒 980-8577　仙台市青葉区片平 2-1-1

TEL : 022-214-2777　FAX : 022-214-2778

https://www.tups.jp　E-mail : info@tups.jp

印　刷　笹氣出版印刷株式会社

〒 984-0011　仙台市若林区六丁の目西町 8-45

TEL : 022-288-5555　FAX : 022-288-5551

ISBN978-4-86163-321-8　C3050

定価はカバーに表示してあります。

乱丁、落丁はおとりかえします。